改正漁業法註解

—新旧条文対照—

産業法務研究会　編

漁協経営センター出版部

前書き

筆者は平成二十六年四月に早川忠孝弁護士と共に発起設立した一般社団法人産業法務研究会（略称「産法研」）の専務理事であり、同年七月に創刊した季刊誌『産業法務』は、本年1月で第二七号に達しました。これを以って第二号から始まった「産業法の体系」の連載記事が、第一次産業（農業、林業、畜産業、水産業）に関しては完結しました。これを機に、別途『第一次産業の法体系』を刊行しようと考えています。

ところで、平成三十年十二月十四日に全面的に改正された漁業法が昨年十二月一日に施行されましたので、いち早く本書を出版することにしました。

本書は水産業関連法シリーズの一部として、『産業法務』第二〇号及び第二一号で前後編に分けて掲載した記事を併合して、紙面の都合で要約した箇所を補充し、全条文を網羅して解説するものです。但し、条文の順序は、漁業法の体系を項目別に整理することを優先しているため、条番号が連続していない箇所があります。

また、今回の改正で、条番号及び条文（旧第〇条）の削除と新設（新第〇条）という手続で改正した箇所は、関連する新旧条文を対照して併記しました。それに対して、条番号及び条文が変更された箇所は、条番号の変更は矢印（旧第○条⬇新第○条）で、条文中の削除された文言は二重取消線で、追加された文言は傍線で表示してあります。

尚、各条文の第一項は、法文上は行頭文字の表示が略されていますが、本書では読み易さという読者の便宜を図り、「1」という行頭文字を表記してあります。

何はともあれ、本書は産法研の出版事業として記念すべき最初の図書であり、我が国の水産業の発展に寄与することを心から願うと共に、産官学が連携して産業社会全体の発展・振興のために法令遵守に取り組むことを提言している産法研に対するご理解とご支援を賜ることができれば幸いです。

令和二年十二月

一般社団法人 産業法務研究会

専務理事　平　川　　博

目次

第四節　広域漁業調整委員会……230

第九部　土地及び土地の定着物の使用……237

第十二部　罰則

第一部　沿革

第一節　前史

「日本財団図書館」というサイトで掲載されている「平成十三年度二十一世紀における我が国の海洋ビジョンに関する調査研究報告書」の「Ⅶ―2．水産資源の総合管理―法制度と計画制度の側面から―」「2．水産資源の総合管理に関する法制度の展開」では、「2．1．明治漁業法制定以前の制度の変遷」という見出しの下に、次のように記載されています。

わが国において、古くは、漁業は農業の一部であり、農民がそれぞれの地先水面において自由に水産動植物を採取してきた。幕藩体制が確立した江戸時代初期以降、封建領主が、磯の定棲性生物については、漁村部落に独占的な水面の利用権を特許し、その独占利用の慣行を容認した。また、沖合の回遊性の魚類については、個人ないしは部落の特権的・独占的な水面利用権が認められることもあったが、原則として数漁村の共同利用（入会）に開放した。一七四一年の律令要略の「山野海川入會」は、江戸時代の漁業制度に関する一般原則を定めるものであるが、そこで「磯猟は地附根附次第也、沖は入會」の原則が示されている。

明治八年、太政官布告二十三号（雑税廃止）、百九十五号（海面官有宣言）、太政官達二百五十五号（捕魚採藻のための海面所用出願と許可による海面借区制）は、江戸時代の貢租によって裏付けられていた慣習的な漁場占用利用権を消滅させて、新たに漁業生産のために官有の海面を貸与し、その借用料をとるという構成をすることによって、徳川幕藩体制と異なる近代国家的漁業制度の確立を試みるものであった。しかし、この制度は誰に新たな漁場利用を許可するかをあいまいにしたままであったために、各地で紛争を多発させた。明治九年、太政官達七十四号によって、実効性を上げないまま新制度たる海面借区制は取り消された。

それに代えて、以後は地方において、適宜府県税を賦課し、旧来の漁場利用占用権の一時的消滅と政府の許可による新たな発生という原則を維持しながら、漁場取締りは「従来の慣行によって」府県が漁業取締規則を定めて行うこととされた。この新たな制度は、従来の慣行によることを強調しながら、他方で、納税、取締り、許可という側面では個人と行政庁たる府県の関係で法律関係が形成されるという近代的な構造を持った。そのために、慣習法上の権利主体として認められていた江戸時代の村、仲間といった中間団体と、個人という近代的法主体の間に存在する差が、新制度をめぐって多くの紛争を生じさせることとなった。

そこでこの間隙を埋めるべく、個人を集団化した漁業者団体を結成させて、その自治的規制によって漁場利用関係、漁具漁法の禁止を調整し、秩序維持を図ることが試みられた。それが明治十九年漁業組合準則（農商務省令第七号）である。しかし、この試みも乱獲の進行の防止、漁業紛争の沈静化に成功せず、漁業法の制定によって抜本的な問題解決が図られることとなった。

(https://nippon.zaidan.info/seikabutsu/2001/00794/contents/00084.htm)

第二節（明治三十四年）漁業法

香川大学の辻唯之教授が執筆した「明治漁業制度と県漁業」（『香川大学経済論叢』第六七巻第一号〔一九九四年七月〕二一一頁以下）と題する論文では、「漁業法の成立」という見出しの下に、次のように記載されています。

> 明治三十四年二月、第十五回帝国議会において『漁業法』は成立した【編集者註：明治三十四年四月十三日公布】。ここに、これまで慣行の名のもとに漁民相互の実力で維持されてきた漁場利用は、国家権力を背景とする漁業権にまで高められた。いうところの漁業権、すなわち他者を排斥して独占的に漁業を営む権利としての漁業権をとおして明治政府は漁場紛争を上からおさえ、漁業秩序を維持しようとしたのである。そして、漁業法の法的構成はといえば、沿岸漁業の漁業秩序は漁業権を中心として編成し、これに行政官庁の許可制度による許可漁業がくわわる、そのような仕組みであった。

（http://shark.lib.kagawa-u.ac.jp/kuir/list/jtitle/ 香川大学経済論叢 /63/1）

ところが、農林中金総合研究所の田口さつき主任研究員が執筆した「歴史からたどる漁業制度の変遷 その5―明治漁業法と漁業向け資金―」（『農中総研 調査と情報』第六六号〔二〇一八年五月〕一六ページ以下）と題する報告書では、「1 旧漁業法への不満」という見出しの下に、次のように記載されています。

一九〇一年（明治三十四年）に漁業法が成立したが、その後、漁業者の資金難と漁業組合の事業の制限が課題となった。

漁業のための資金について、特に沿岸漁業では、零細な漁業者が資金を獲得することは難しかった。その要因として、収益が天候など自然条件に左右されること、水産物は腐敗しやすく担保にしにくいこと、漁業者が担保にできる資産を保有していなかったことなどが挙げられる。

同じ第一次産業である農業では、産業組合法（一九〇〇年制定）により各地で産業組合が設立され、農業資金への貸出も行われるようになってきた。そして、一九〇六年（明治三十九年）の産業組合法改正により、産業組合は信用事業と購買事業などの他事業を兼営できるようになった。一九一〇年代半ばには、産業組合数は1万を超えた。

一方、漁業組合は、沿岸地域などに生産の場が限定されていることもあり、その増加は都市型の信用組合なども含む産業組合に比べれば、緩やかだった。また、事業内容については、漁業権を受ける団体として旧漁業法で位置付けられていたため、漁業組合が漁業権を売却して漁村を崩壊させることがないよう経済事業等は想定されていなかった。しかし、それでは製氷事業など漁業者が共同で利用する事業を漁業組合は行えず、不便であるという意見が増していった。

（https://www.nochuri.co.jp/report/pdf/nri1805re7.pdf）

第三節　（明治四十三年）漁業法

高知大学の緒方賢一教授らが執筆した「共同漁業権論争の現在的地平―総有説の構造と機能―」（『高知論叢』第一〇七号［二〇一三年七月］五七頁以下）と題する論説文では、「3　共同漁業権の法構造と機能」「3―1　法構造」「(1)　沿革」「(c)　明治三十四年漁業法と明治四十三年漁業法」という見出しの下に、次のように記載されています。

> その後明治四十三（一九一〇）年に、明治三十四年漁業法は全面改正された（明治四十三年漁業法【編集者註：明治四十三年四月二十一日公布】）が、漁業権制度については、旧漁業法をそのまま承継し、ただ漁業権および入漁権を物権化する改正が施された。
>
> つづいて昭和八（一九三三）年には、漁業組合の目的事業を拡張して経済機能の強化をはかる漁業法の改正がなされた。また、昭和十三年（一九三八年）には、組合が貯金の受け入れに関する施設をおこないうることや、組合の信用の向上と金融上の利便を図るための改正がなされた。さらに、昭和十八（一九四三）年には、従来の漁業組合は戦時統制団体として「漁業会」に編成替えされ、漁業組合に関する規定は消滅し、「水産業団体法」によって置き換えられる。
>
> このように、明治四十三年の明治漁業法は数次にわたり改正されたが、漁業権制度に関しては、ほぼ旧漁業法の規定が維持される。

（https://kochi.repo.nii.ac.jp/?action=pages_view_main&active_action=repository_view_main_item_detail&item_id=6263&item_no=1&page_id=13&block_id=21）

第四節　（現行）漁業法

⑴　制定

現行の漁業法は、漁業法施行法と共に、昭和二十四年十一月二十九日に国会で成立し、同年十二月十五日に公布されました。両法案の提案理由について、森幸太郎農林大臣が同年五月十日に開催された参議院の水産委員会で、次のように説明したことが、国会会議録に記載されています。

今日わが國の当面する最大の問題は、國内各分野における民主化を達成し、この基盤の上に生産力を発展させ、日本経済の再建とその自立化を図ることにあります。農業と共にわが國産業構造の基盤をなす漁業にして、その生産力の発展は停滞し、その内部に多くの封建的な残滓を包藏したままに止りますならば、再建日本の基盤は誠に脆弱にして、日本の民主化は勿論経済自立も亦歪められざるを得ないでありましょう。

政府におきましては、終戦以來漁業問題の全面的解決につき鋭意考究を進め、その一環として漁業團体制度の改革をなすべく、去る第三國会に水産業協同組合に関する法律を提出し、その成立をみ、既に本年二月一五日より施行いたしておりますが、根本的には漁業生産に関する基本的制度即ち漁業制度の改革を断行することが不可欠なのであります。

現行漁業制度は、明治三十四年の旧漁業法において始めて法制化され、同四十三年の全面的改正によって確立されたものでありますが、これは旧來の慣行をそのままに固定したものであり、その後の諸般の情勢の変化、特に漁業生産力の発展にも拘らず、基本的部分については何等の改正を見ずに今日に至ったものであります。

その内容は根本的欠陥といたしましては、個々の漁業権を中心に漁場の秩序が組み建てられているために、漁業生産力を上げるに不可欠な「相当廣い水面を単位とした総件的な計画性」を持ち得ないこと、又適当な調整機構を伴わず漁業権を物権としたことの弊害面として、権利者に不当に強い力が與えられ、漁場の秩序が漁民の総意によって民主的に運用されておらぬこと等が挙げられるのでありまして、これが漁業生産力の発展を阻害し、又漁村の封建性の基盤をなしているのであります。従って漁業生産力を発展させ、漁業の民主化を図るためには、この行き詰った漁業関係を全面的に整理し、新たに漁業生産に関する基本的制度を定め、民主的な漁業調整機構の運用によって、水面の総合的高度利用を図る必要があるのであります。

(2) 第1次改正

昭和二十五年七月三十日に改正法（正式な題名は「漁業法の一部を改正する法律」）が国会で成立し、翌三十一日に公布されました。この法案の趣旨及び提案理由について、法案提出議員六名を代表して川村善八郎氏が同月二十八日に参議院の水産委員会で次のように説明したことが、国会会議録に記載されています。

先ず、漁業法の一部改正の内容を申上げます。…（中略）…今までの漁業制によります選挙は、海区調整委員会の選挙は一海区七人と相成っておるのであります。併し北海道は特殊な事情がありますので、その特殊性に鑑みまして、選挙によるところの委員の数は十一人としよう、かようにいたしたのでありますます。…（中略）…

次に、改正に対するその理由を申上げますというと、…（中略）…北海道は立法当初いろいろな特殊事情から当初市町村単位に海区を設置するということであったのでありますが、関係筋から特に強い勧告がありまして、現在の四十九海区になったのであります。このままでは北海道の特殊性から選挙の公平と漁業調整の万全を期し得ないのでありまするから、どうしても今期の選挙におきまして、北海道の特殊性を十分織込んで選挙に臨まなければならぬという意見が相当強く相成ったのであります。

北海道の特殊性は申すまでもなく全国の漁獲高の四割を生産しており、又漁業資源も他府県に比べまして相当豊富であり、且つ又漁業の種類も最も多く、…（中略）…従って共同漁業権並びに定置漁業権との比例、又数におきましても、相当の数があるのであります。又新漁田開発の余地も十分あり、又引揚漁民や他府県から移動するところの漁民も多数であって、北海道の漁業に関してはまだ進展の余地が十分残されておるのであります。…（中略）…又一面内地方面とは違いまして、交通も不便であり、或いは通信機関等も不便でありますので、折角選挙が行われまして海区調整委員会が成立いたしましても、…（中略）…漁業の民主化と生産力の増強ができないということになりますれば、全く新漁業法が無意味になるというようなことから、…（中略）…四十九海区になったその理由はいろいろありましょうけれども、とにかく委員の数を増加いたしまして、即ち七人を北海道だけは十一人に漁民から選挙された委員を出そう、かような理由になっておるのであります。

（3） 第2次改正

昭和二十六年十一月二十一日に改正法（正式な題名は「漁業法の一部を改正する法律」）が国会で成立し、同年十二月十五日に公布されました。この法案の提案理由について、島村軍次農林政務次官が同年十一月七日に参議院の水産委員会で次のように説明したことが、国会会議録に記載されています。

> この法律案は、前国会以来懸案のもので、即ち、昨年三月十四日施行をみた新漁業法においては、漁民による漁業秩序の再建を意図し、旧法に基づき免許された漁業権の再編成を行うと共に、許可漁業についても、それぞれ漁業の民主化という見地から再検討を加え、漁業制度改革を円滑に実施すると共に、更に又、去る二月十四日総司令部より非公式の形で政府に勧告のあったいわゆる「日本沿岸漁民の直面している経済的危機とその解決策としての5ポイント計画」に掲げられている第1ポイントに…（中略）…おいて指摘されている乱獲漁業を禁止することにより水産資源の涸渇を防止するため、この法律案に規定されております漁業の増勢をとにもかくにも停止することを狙いとしている次第です。ところで漁業許可の権限自体は、都道府県知事に委任いたすのでありますが、その許可しうる総枠自体を中央においてしっかりと把握して、その増勢を停止しようとするのがこの法律案の調整方式の考え方であります。

尚、「日本沿岸漁民の直面している経済的危機とその解決策としての5ポイント計画」について、「平成十三年度二十一世紀における我が国の海洋ビジョンに関する調査研究報告書」【本書2頁既出】の「2．水産資源の総合管理に関する法制度の展開」では、「2．5．漁船法、漁港法、水産資源枯渇防止法、水産資源保護法等の制定—戦後の漁業基盤復興と漁獲努力量の削減手段の導入—」という見出しの下に、次のように記載されています。

> 昭和二十六年、ＧＨＱは「日本沿岸漁民の直面している経済的危機とその解決策としての5ポイント計画」を発表した。これは…（中略）…乱獲と資源枯渇、魚価低下による漁民の困窮に対する根本的抜本的解決を可能にする長期計画として、［1］乱獲漁業の拡張を停止して操業度の所要の低減を行うこと（中型底曳網漁業、小型底曳網漁業の年次計画による減船、不法漁具の取り締まり、さんま漁業の操業期間短縮、まき網漁業の大臣許可制による漁船増加抑制）、［2］各種漁業に対する堅実な資源保護規則の整備（水産資源保護に関する法令整備により水産資源の保護培養と最高の漁獲率を維持する基礎条件の確立、資源調査研究の充実による資源量と漁獲限度の関係の解明、漁業従事者への資源保護思想の徹底）、［3］漁業取締のために水産庁と府県に強力な部課を設けること、［4］漁民収益の増加のための各種施策の実施、［5］健全融資計画の樹立、という5つのポイントを示すものであった。

(https://nippon.zaidan.info/seikabutsu/2001/00794/contents/00084.htm)

このように、漁業法の第2次改正は、「日本沿岸漁民の直面している経済的危機とその解決策としての5ポイント計画」で指摘された第1点の「乱獲漁業の拡張を停止して操業度の所要の低減を行うこと（中型底曳網漁業、小型底曳網漁業の年次計画による減船、不法漁具の取り締まり、さんま漁業の操業期間短縮、まき網漁業の大臣許可制による漁船増加抑制）」に対応することが主眼でした。

（4） 第3次改正

昭和二十八年七月二十九日に改正法（正式な題名は「漁業法の一部を改正する法律」）が国会で成立し、同年八月八日に公布されました。この法案の趣旨及び提案理由について、法案提出議員三十五名を代表して鈴木善幸氏が同年七月二十一日に衆議院の水産委員会で次のように説明したことが、国会会議録に記載されています。

現行漁業法に対しましては、業界を初め幾多の批判の声も聞かれておる次第でありまして、特に免許料、許可料の徴収制度につきましては、…（中略）…根本的な、抜本的な改革が要請されておる次第であります。

…（中略）…

まずこの免許料、許可料の制度が、制度としていかなる点において矛盾と欠陥を露呈しておるかと申しますならば、第一点は、他の事業の許可と同じような本質を持っておりながら、漁業の許可だけが何ゆえに許可料を負担せねばならないのか、まさしく憲法第十四条の、法のもとの平等の思想に背馳するのではないかという疑問も持たれております。…（中略）…また漁業制度改革は、一連の日本民主化立法の一環をなすものでありますから、漁業権の補償の見返り財源として漁業者のみに負担せしめるべきものではない、国全体として負担すべきものであるという意見も非常に強いのであります。さらにもう一点は、現下の漁業経済は皆さんすでに御承知の通り、魚価は非常に安く、資材その他漁業経営費は逐年累増いたしておるようなことでございまして、漁民の困窮、漁業経済の逼迫は、ここに指摘するまでもないのであります。以上のような制度上の欠陥並びに漁業経済の実態からいたしまして、この免許料、許可料の制度はこの際これを撤廃することが妥当と認めましてこの法律案を提案いたしました次第であります。

(5)　第4次改正

昭和三十七年八月三十一日に改正法（正式な題名は「漁業法の一部を改正する法律」）が国会で成立し、同年九月十一日に公布されました。この法案の提案理由について、大谷贇雄農林政務次官が同年八月二十八日に参議院の農林水産委員会で次のように説明したことが、国会会議録に記載されています。

わが国の漁業は、総じて申しますと、戦後漁場の拡大と技術の進歩によりまして、目ざましい発展を遂げておりますが、漁業経営体の大部分を占めます沿岸漁業は、一部の養殖業を除き不振であり、また、沖合遠洋漁業は、漁業種類により、経営規模によりまして生産性の格差が著しく、その経営は必ずしも健全とは言いがたい状況でございます。これに加えて、近年遠洋漁場における国際的制約も年々きびしさを増しており、また、近時漁船の性能向上による稼動範囲の拡大等に伴いまして、沿岸沖合漁場における漁業調整も次第に困難の度を加えて参っておる実情でございます。

このような事態のもとにおきまして、今後のわが国漁業の健全な発展をはかって参りまするためには、沿岸漁業の中の発展的漁業のより一そうの伸長を期し、不振漁業の漁業転換を促進する等、弱小経営の体質の改善をはかるとともに、沿岸沖合漁場における漁業調整の広域化と合理化を推進める等の諸施策を強力に実施し、漁場利用の合理化と漁業経営の近代化を推進する必要があると存ずるのであります。

このように、漁業法の第４次改正は戦後経済の高度成長期に成長が遅い漁業の振興を図ることが主眼であり、「平成十三年度二十一世紀における我が国の海洋ビジョンに関する調査研究報告書」【本書２頁既出】の「２．水産資源の総合管理に関する法制度の展開」では、「２．６．高度成長と漁業制度の変遷」という見出しの下に、次のように記載されています。

> 昭和三十七年の漁業法改正によって、組合管理漁業権の行使関係の適正化をはかる目的で、漁業権（または入漁権）行使規則制度が創設された。これは従来「組合員であって漁民であるものは、定款で定めるところにより、各自当該漁業権の内容たる漁業を営む権利を有する」と定められ…（中略）…ていた。このような制度が…（中略）…経営規模の零細化を止揚しえない一因となっていた。これを改善するために、昭和三十七年改正は、総会の特別決議を経た上で、都道府県知事が認める漁業権行使規則で定める一定の資格を有する者が、当該漁業権の行使権を有するという構成に変えた。これによって…（中略）…零細経営の防止と専業化をはかり、あわせて組合の合併促進に資することを目的とするとされたのである。
>
> 昭和三十七年の漁業法改正は、その他に、［1］漁業権について、ⅰ）分類と内容を整理し、ⅱ）免許内容の事前決定に関する規定を整備し、ⅲ）免許の適格性、優先順位に関する規定を改善し、ⅳ）真珠養殖および大規模な海面での水産動植物養殖業について、権利の存続期間を十年に延長し、［2］漁業許可制度につき、ⅰ）大臣許可漁業の根拠規定を統一し、指定漁業制度を創設、ⅱ）許可の一斉満了、一斉更新制、公示に基づく許可方式を採用し、ⅲ）許可の承継について制限を加え、ⅳ）四十トン以上のまき網漁業を大臣許へ移行し、小型さけます漁業を法定知事許可にして、法定知事許可漁業の内容を整理し、［3］漁業取締りの規定を強化し、［4］漁業調整委員会の定数増、学識・公益代表の比率の増加

および任期延長を行い、［5］遊漁者との調整を図るために、内水面漁業について、第5種共同漁業権に基づく遊漁規則制度を新設した。

(https://nippon.zaidan.info/seikabutsu/2001/00794/contents/00084.htm)

（6）平成十三年改正

平成十三年六月二十二日に改正法（正式な題名は「漁業法等の一部を改正する法律」）が国会で成立し、同月二十九日に公布されました。この法案の提案理由について、谷津義男農林水産大臣が同年四月十日に衆議院の農林水産委員会で次のように説明したことが、国会会議録に記載されています。

我が国水産業は、戦後から高度経済成長期にかけて、沿岸、沖合から遠洋への漁場の拡大と技術の進歩により発展し、国民の重要なたんぱく源である水産物の安定供給の役割を着実に果たしてまいりました。しかしながら、現在、本格的な二百海里時代の到来や公海及び外国の排他的経済水域における漁場の制約により、重要性を増している我が国周辺水域における水産資源について、資源状態が悪化しており、また、水産物価格、資源状態等漁業を取り巻く環境が厳しい中で漁業経営が悪化する等、厳しい状況に直面しているところであります。

このような状況を踏まえ、資源管理の強化、効率的かつ安定的な漁業経営体の育成、漁業権管理の適正化の観点から、所要の措置を講じることとし、この法律案を提出した次第であります。

（7） 平成三十年改正

①改正の趣旨

平成三十年十二月八日に改正法（正式な題名は「漁業法等の一部を改正する等の法律」）が国会で成立し、同年十二月十四日に公布されました。この法案の概要について、同年十一月十四日に開催された第三十二回日本海・九州西広域漁業調整委員会で配布された「漁業法等の一部を改正する等の法律案の概要について」（資料4）と題する文書では、「趣旨」という見出しの下に、次のように記載されています。

> 漁業は国民に対し水産物を供給する使命を有しているが、水産資源の減少等により生産量や漁業者数は長期的に減少傾向。他方、我が国周辺には世界有数の広大な漁場が広がっており、漁業の潜在力は大きい。
>
> 適切な資源管理と水産業の成長産業化を両立させるため、資源管理措置並びに漁業許可及び免許制度等の漁業生産に関する基本的制度を一体的に見直す。【傍線は編集者による】

（http://www.jfa.maff.go.jp/j/suisin/s_kouiki/nihonkai/attach/pdf/index-98.pdf）

ここで「資源管理措置並びに漁業許可及び免許制度等の漁業生産に関する基本的制度を一体的に見直す」（傍線部）という記載部分が平成三十年改正の主眼であり、朝日新聞（デジタル版）で「改正漁業法が成立、企業参入促す 漁業権を抜本的見直し」（二〇一八年十二月八日十三時三十四分配信）という見出しの下に、「漁業権制度を含む抜本的な見直しは約七〇年ぶり」と記載されているように、マスコミで七〇年ぶりの大改正と報じられています。

②改正の概要

農林水産省ホームページの「第百九十七回国会（平成三十年臨時会）提出法律案」と題するＷｅｂページでリンクが張られている「漁業法等の一部を改正する等の法律案の概要」と題する文書では、「漁業法の改正」（【原註】海洋生物資源の保存及び管理に関する法律（ＴＡＣ法）を漁業法に統合）という見出しの下に、次のように記載されています。

（１）新たな資源管理システムの構築
　科学的根拠に基づき目標設定、資源を維持回復
【資源管理の基本原則】
・資源管理は、資源評価に基づき、漁獲可能量（ＴＡＣ）による管理を行い、持続可能な資源水準に維持・回復させることが基本（第八条）
・ＴＡＣ管理は、個別の漁獲割当て（ＩＱ）による管理が基本（ＩＱの準備が整っていない場合、管理区分における漁獲量の合計で管理）（第八条）
【漁獲可能量（ＴＡＣ）の決定】
・農林水産大臣は、資源管理の目標を定め、その目標の水準に資源を回復させるべく、漁獲可能量を決定（第十一条）

【漁獲割当て（ＩＱ）】

・農林水産大臣又は都道府県知事は、漁獲実績等を勘案して、船舶等ごとに漁獲割当てを設定（第十七条）

・割当量の移転は、船舶の譲渡等、一定の場合に限定（第二十二条）

（２）生産性の向上に資する漁業許可制度の見直し競争力を高め、若者に魅力ある漁船漁業を実現

・漁船の安全性、居住性等の向上に向けて、船舶の規模に係る規制を見直し（第四十三条）

・許可体系を見直し、随時の新規許可を推進（第四十二条）

・許可を受けた者には、適切な資源管理・生産性向上に係る責務を課す。漁業生産に関する情報等の報告を義務付け（第五十二条）

（３）養殖・沿岸漁業の発展に資する海面利用制度の見直し水域の適切・有効な活用を図るための見直しを実施

【海区漁場計画の策定プロセスの透明化】

・都道府県知事は、計画案について、漁業者や漁業を営もうとする者等の意見を聴いて検討し、その結果を公表

・知事は海面が最大限に活用されるよう漁業権の内容等を海区漁場計画に規定（第六十二条～第六十四条）

【漁業権を付与する者の決定】

・既存の漁業権者が漁場を適切かつ有効に活用している場合は、その者に免許。既存の漁業権がない等の場合は、地域水産業の発展に最も寄与する者に免許（法定の優先順位は廃止）（第七十三条）

【漁場の適切・有効な活用の促進】

・漁業権者には、その漁場を適切・有効に活用する責務を課すとともに、漁場活用に関する情報の報告

を義務付け（第七十四条、第九十条）

【沿岸漁場管理】

・漁協等が都道府県の指定を受けて沿岸漁場の保全活動を実施する仕組みを導入（第百九条～第百十六条）

（４）漁村の活性化と多面的機能の発揮

国及び都道府県は、漁業・漁村が多面的機能を有していることに鑑み、漁業者等の活動が健全に行われ、漁村が活性化するよう十分配慮（第百七十四条）

（５）その他

・海区漁業調整委員会について、漁業者代表を中心とする行政委員会との性質を維持。漁業者委員の公選制を知事が議会の同意を得て任命する仕組みに見直し（第百三十八条）

・密漁対策のため罰則を強化（第百三十二条、第百八十九条）

（http://www.maff.go.jp/j/law/bill/197/attac.pdf/index-9.pdf）

第二部　漁業法の総則

第一節　立法の目的

◆**条文**

【第一条~~（この法律の目的）~~（目的）】

~~この法律は、漁業生産に関する基本的制度を定め、漁業者及び漁業従事者を主体とする漁業調整機構の運用によつて水面を総合的に利用し、もつて漁業生産力を発展させ、あわせて漁業の民主化を図ることを目的とする。~~

この法律は、漁業が国民に対して水産物を供給する使命を有し、かつ、漁業者の秩序ある生産活動がその使命の実現に不可欠であることに鑑み、水産資源の保存及び管理のための措置並びに漁業の許可及び免許に関する制度その他の漁業生産に関する基本的制度を定めることにより、水産資源の持続的な利用を確保するとともに、水面の総合的な利用を図り、もつて漁業生産力を発展させることを目的とする。

◆**註解**

今回の改正により、第一条の条文が全面的に改められました。改正点を整理すると、以下の3点が挙げられます。

（1）基本的制度の具体化

今回の改正により、「水産資源の保存及び管理のための措置並びに漁業の許可及び免許に関する制度その他」という文言の明文化により、漁業生産に関する基本的制度が具体化されました。

（２）「漁業調整機構の運用」および「民主化」という文言の削除

改正の前後を通じて重要な変更点の一つは、第一条の条文から「漁業者及び漁業従事者を主体とする漁業調整機構の運用」と「民主化」いう文言が消えたことです。この点について、水産庁ホームページの「水産政策の改革について」と題するＷｅｂページでリンクが張られている「漁業法等の一部を改正する等の法律Ｑ＆Ａ」と題する文書では、「今回漁業法等の法律を改正した理由は何ですか」という質問に対する回答という形式で、次のように記載されています。

> １　現行漁業法の制定当時、自ら漁業を営まない羽織漁師といわれた者による漁場利用の固定化といった漁業慣行の解消が大きな課題となっていたことから、漁業者を主体とする漁業調整委員会を創設し、目的規定にも「漁業者及び漁業従事者を主体とする漁業調整機構の運用によって水面を総合的に利用し」、「漁業の民主化を図る」ことが定められたところです。
>
> ２　一方、漁業法の制定から約七〇年の間の運用によって、当時の課題となっていた慣行は解消され、当初の目的である民主的な漁場の利用形態の構築は既に実現されています。
>
> ３　このため、現時点でなお漁業の民主化を法の目的とする必要はなく、漁業調整委員会制度が漁業法における基本的な仕組みとして既に定着していることも考慮し、目的規定の改正を行ったところです。なお、漁業者を主体とする海区漁業調整委員会の組織・機能は維持していますので、引き続き重要な役割を果たしていただけると考えています。

（http://www.jfa.maff.go.jp/j/kikaku/kaikaku/attach/pdf/suisankaikaku-15.pdf）

尚、「漁業調整機構」とは、平成二十七年十二月二十二日に開催された第6回新潟県新資源管理制度総合評価委員会で配布された「漁業の制度」（資料6―1）によれば、「選挙で選ばれた漁業者と知事から選任された学識経験者で構成された海区漁業調整委員会のこと。漁業の重要事項について知事に意見したり、操業ルール等について漁業者への指示することができる」と記載されています。

ところで、福島大学の阿部高樹・井上健両氏が共同執筆した「日本の沿岸漁業における漁業調整：コマネジメントの視点から」（福島大学経済学会『商学論集』第八〇巻第四号〔二〇一二年三月〕）と題する論文では、「はじめに」という見出しの下に、次のように記載されています。

漁業法上、「漁業者及び漁業従事者を主体とする」漁業調整機構の存在が規定されているように、日本の漁業管理システムでは漁業者団体の組織的解決の有効性が想定されており、しばしば、「共同体の自主管理」の側面が強調される。

特に沿岸漁業については、現在においても、江戸時代に確立した地域共同体による漁業秩序、漁業慣行が引き継がれているという見解が有力である。すなわち、江戸時代、各漁村やそのリーダーは領主から地先水面の排他的な利用権が認められ、村落共同体によって自生的に形成された秩序をもって漁業が営まれていたが、これが、現在の組合管理漁業に繋がり、世界的にも「地域共同体による自主管理」の代表例として注目を浴びている。

（http://ir.lib.fukushima-u.ac.jp/repo/repository/fukuro/R000004045/3-1772.pdf）

このように現在まで引き継がれて来た「江戸時代に確立した地域共同体による漁業秩序、漁業慣行」が、改正後は崩壊するのではないかと危惧されます。この点について、水産庁ホームページで掲示されている「漁業法等の一部を改正する等の法律Ｑ＆Ａ」【本書二三頁既出】と題する文書では、「一．総論」という見出しの下に、「今回漁業法等の法律を改正した理由は何ですか」という質問に対する回答という形式で、次のように記載されています。

> 1　かつて世界一を誇った我が国の漁業生産量は、今やピーク時の半分以下に減少しており、また、漁業者の減少・高齢化も急速に進んでいます。水産庁の試算では、このままでいけば約三十年後（二〇三五年以降）の漁業従事者が七万人程度と現在の半分まで減少すると予測されています。
>
> 2　このような中で我が国水産業を若者にとって魅力ある産業にし、国民に水産物を安定供給するという使命を果たしていくためには、水産改革は待ったなしの状況にあると考えています。
>
> 3　漁業法等の改正案の取りまとめに当たっては、水産庁が漁業者団体と連携して地方説明会など様々な機会を通じて漁協や漁業関係者等と意見交換を行ってきたと承知しています。全漁連も漁業者団体として危機感を共有し、前向きな取り組みをされています。
>
> 4　こうしたことを踏まえ、水産政策の改革の内容をなるべく早く具体化し、必要な取り組みに着手すべく、今般、漁業法等を改正することとなりました。

（http://www.jfa.maff.go.jp/j/kikaku/kaikaku/attach/pdf/suisankaikaku-15.pdf）

（3） TAC法の統合

もう一つの重要な変更点は、「海洋生物資源の保存及び管理に関する法律」（通称「TAC法」）が漁業法に統合（手続上は廃止）され、「水産資源の保存及び管理のための措置」を定めることが、漁業法の目的の一項目として追加されたことです。【本書二三頁参照】

第二節　規制対象

（1） 漁業

◆条文

【第二条（定義）第一項】

この法律において「漁業」とは、水産動植物の採捕又は養殖の事業をいう。

◆註解

漁業法の規制対象は、法律の題名が示しているように「漁業」であり、日本標準産業分類上の「漁業」という大分類に該当します。尚、第二条第一項の条文は、従前どおりです。

（２）漁業者と漁業従事者

◆条文

【第二条（定義）第二項】

この法律において「漁業者」とは、漁業を営む者をいい、「漁業従事者」とは、漁業者のために水産動植物の採捕又は養殖に従事する者をいう。

◆註解

「漁業従事者」という用語は、第二条第二項により「漁業者」と雇用関係にある場合に限定されており、雇用・契約関係の有無を問わずに「漁業に携わる者」という意味で用いられる常用語よりも狭義です。尚、第二条第二項の条文は、従前どおりです。

（３）水産資源

◆条文

【新第二条（定義）第三項】

この法律において「水産資源」とは、一定の水面に生息する水産動植物のうち有用なものをいう。

◆註解

「ＴＡＣ法」（正式な題名は「海洋生物資源の保存及び管理に関する法律」）が漁業法に統合されたことから、水産資源も規制対象となりました。手続上は第二条第三項の改正ですが、改正前の漁業法には対応する規定が存在していなかったので、実質的には新設です。

尚、旧第二条第三項は動力漁船の定義に関するもので、改正後は第六十条第六項に引き継がれています【本書一一八頁参照】。

第三節　適用範囲

◆条文

【第三条（適用範囲）】

公共の用に供しない水面には、別段の規定がある場合を除き、この法律の規定を適用しない。

【第四条】

公共の用に供しない水面であつて公共の用に供する水面と連接して一体を成すものには、この法律を適用する。

◆注解

右記両条は今回の改正の対象ではありません。条文の文理解釈として、NPO法人バーブレスフック普及協会が作成した「水辺の生き物調査体験の手引き」の「法令編」では、「漁業法について」「I 総則」という見出しの下に、「第三・四条　漁業法の適用範囲は、公共の用に供する水面と、これに連接一体の水面である」と記載されています。そして「公共の用に供する水面とは、水産動植物の採補に関し、一般の公共使用に供されているもので、水面の敷地が私用であるか、公用であるかは原則として問題になりません」という注記が付されています。

(http://npo-barblesshook.com/mizubetyousataiken_tebiki/hourei.htm)

第四節　共同申請

◆条文

【第五条（共同申請）】

1　この法律又はこの法律に~~基く~~基づく命令に規定する事項について~~二人以上~~共同して申請しようとするときは、そのうち一人を選定して代表者とし、これを行政庁に届け出なければならない。代表者を変更したとき~~もまた同じである~~、同様とする。

2　前項の届出がないときは、行政庁は、代表者を指定する。

3　代表者は、行政庁に対し、共同者を代表する。

4　前三項の規定は、~~二人以上~~共同して第六十条第一項に規定する漁業権又はこれを目的とする抵当権若しくは第六十条第一項に規定する入漁権を取得した場合に準用する。

◆註解

漁業法第五条の第二項及び第三項は改正前後を通じて条文は同一であり、第一項及び第四項は条文の一部が改められましたが、内容に変更はありません。

第五節　国及び都道府県の責務

◆条文

【新第六条（国及び都道府県の責務）】

国及び都道府県は、漁業生産力を発展させるため、水産資源の保存及び管理を適切に行うとともに、漁場の使用に関する紛争の防止及び解決を図るために必要な措置を講ずる責務を有する。

◆註解

今回の改正により削除された旧第六条（漁業権の定義）に代わって、新たに第六条（国及び都道府県の責務）が設けられました。

この新設された条文について、東京海洋大学准教授の勝川俊雄氏が執筆した「臨時国会で議論されている漁業法の改正について」（Yahoo Japan ニュース［二〇一八年十一月九日七時三〇分配信］）と題する記事では、次のように記載されています。

> 現行の漁業法でも、国及び都道府県は漁獲規制を必要に応じて行う権限を持っているのですが、資源の保全を適切に行う責務は規定されていません。規制の権限はあるけど、規制をする責務が無かったのです。漁業者の多くは、自らの漁業活動が規制されるのに反対ですから、地元漁民の反対を押し切ってまで規制が導入されることはほとんどありませんでした。例えば、私の友人の漁業者が、県に産卵期の漁獲規制を要請したところ、水産課の職員から「漁業者全員の合意をとってきたら規制の導入を検討する」

と言われたそうです。行政機関には、「漁業者を相手に面倒な合意形成をするよりも、獲りたいだけ獲らせて、自滅させれば良い」という対応が許されたのです。…（中略）…

今後は、適切な規制を怠った場合に責任を問われることになるので、非持続的な漁獲を放置できなくなります。法律に水産資源の保存及び管理が責務として規定されたことは、行政にとってきわめて大きな意味を持ちます。

…（中略）…

特に管理義務が明記されたことは、行政の不作為に歯止めをかけて、日本の漁業管理を大きく前進させる効果が期待できます。

（https://news.yahoo.co.jp/byline/katsukawatoshio/20181109-00103429/）

第三部　水産資源の保存及び管理

今回の改正により、「第二章 漁業権及び入漁権」（第六条乃至第五十一条）は削除されて、代わりに「第二章 水産資源の保存及び管理」（第八条乃至第三十五条）が追加されました。これは漁業法に統合されたＴＡＣ法の流れを汲む規定です。

第一節　総則

（1）用語の定義

◆条文

【新第七条（定義）】

1　この章において「漁獲可能量」とは、水産資源の保存及び管理（以下「資源管理」という。）のため、水産資源ごとに一年間に採捕することができる数量の最高限度として定められる数量をいう。

2　この章において「管理区分」とは、水産資源ごとに漁獲量の管理を行うため、特定の水域及び漁業の種類その他の事項によつて構成される区分であつて、農林水産大臣又は都道府県知事が定めるものをいう。

3　この章において「漁獲努力量」とは、水産資源を採捕するために行われる漁ろうの作業の量であつて、操業日数その他の農林水産省令で定める指標によつて示されるものをいう。

4　この章において「漁獲努力可能量」とは、管理区分において当該管理区分に係る漁獲可能量の数量の水産資源を採捕するために通常必要と認められる漁獲努力量をいう。

◆**註解**

「漁獲可能量による管理」はＴＡＣ法の下で平成九年一月から運用されて来ましたが、今回の改正により、一層の充実強化が図られています。改正後の第八条（資源管理の基本原則）第一項で、資源管理は「漁獲可能量による管理」を行うことを基本」とすると定められ（次頁参照）、その関連用語は第七条（定義）で定義付けられています。

第七条第一項はＴＡＣ法の第二条第二号の条文を一部改正して承継したものであり、「漁獲可能量」という用語に関して、漁業情報サービスセンター作成（水産庁監修）の『ＴＡＣを知る！』と題する小冊子（ＴＡＣ制度紹介パンフレット）では、「漁獲可能量（ＴＡＣ）は、どのように決められるのですか？」という質問に対する回答という形式で、「水産資源の動向（生物学的に計算される漁獲許容水準）をベースとして、水産物供給の担い手である漁業者の経営状況等に配慮しながら、水産政策審議会の意見を聴いて、農林水産大臣により、（海洋生物資源の保存及び管理に関する基本計画を変更することにより）毎年設定されます」と記載されています。

(http://www.jfa.maff.go.jp/j/suisin/s_tac/attach/pdf/index-111.pdf)

また、同条三項及び第四項は、それぞれＴＡＣ法の第二条三項及び第四項の条文を一部改正して承継したものです。

（2）水産資源管理の基本原則

◆条文

【新第八条（資源管理の基本原則）】

1　資源管理は、この章の規定により、漁獲可能量による管理を行うことを基本としつつ、稚魚の生育その他の水産資源の再生産が阻害されることを防止するために必要な場合には、次章から第五章までの規定により、漁業時期又は漁具の制限その他の漁獲可能量による管理以外の手法による管理を合わせて行うものとする。

2　漁獲可能量による管理は、管理区分ごとに漁獲可能量を配分し、それぞれの管理区分において、その漁獲可能量を超えないように、漁獲量を管理することにより行うものとする。

3　漁獲量の管理は、それぞれの管理区分において、水産資源を採捕しようとする者に対し、船舶等（船舶その他の漁業の生産活動を行う基本的な単位となる設備をいう。以下同じ。）ごとに当該管理区分に係る漁獲可能量の範囲内で水産資源の採捕をすることができる数量を割り当てること（以下この章及び第四十三条において「漁獲割当て」という。）により行うことを基本とする。

4　漁獲割当てを行う準備の整つていない管理区分における漁獲量の管理は、当該管理区分において水産資源を採捕する者による漁獲量の総量を管理することにより行うものとする。

5　前項の場合において、水産資源の特性及びその採捕の実態を勘案して漁獲量の総量の管理を行うことが適当でないと認められるときは、当該管理に代えて、当該管理区分において当該管理区分に係る漁獲努力可能量を超えないように、当該管理区分において水産資源を採捕するために漁ろうを行う者による漁獲努力量の総量の管理を行うものとする。

◆**註解**

水産庁ホームページの「資源管理の部屋」と題するＷｅｂページでは、「一　水産資源管理の基本的な考え方」という見出しの下に、次のように記載されています。

・水産資源は、通常、海の中を泳いでいる時には誰の所有にも属しておらず、漁獲されることによって初めて人の所有下におかれるという性質（無主物性）をもっており、水産資源の漁獲に当たって何の制限も課されていない状態では、自分が漁獲を控えたとしても他者がそれを漁獲することが懸念され、いわゆる「先取り競争」を生じやすくなります。
・先取り競争によって、資源状況からみた適正水準を超える過剰な漁獲（＝乱獲）が行われた場合、水産資源が自ら持っている再生産力が阻害され、資源の大幅な低下を招くおそれがあります。
・水産資源を適切に管理し、持続的に利用していくためには、資源の保全・回復を図る「資源管理」の取組が必要なのです。

(http://www.jfa.maff.go.jp/j/suisin/)

この基本的な考え方は、ＴＡＣ法を統合した改正後の漁業法に通じるものです。

ところで、今回の改正により、旧第八条（組合員の漁業を営む権利）が削除され、新たに第八条（資源管理の基本原則）が設けられました。この条文に関連して、ＷＷＦ（＝World Wide Fund for Nature 世界自然保護基金）ホームページに掲載された「【解説】七〇年ぶりの『漁業法改正』をどう見るか」(2018/12/04 掲示) と題する記事では、「その2：漁獲可能量（ＴＡＣ）の設定」という見出しの下に、次のように記載されています。

これからの資源管理は、資源評価に基づき、その科学的知見に基づいた漁獲可能量（ＴＡＣ）を設定し、持続可能な資源水準に維持・回復させることを目的に管理することになります。

ＴＡＣを設定して管理することで、操業を漁獲量でコントロールすることが可能になり、これまでの漁獲努力量規制という漁業の「入口」での規制に加え、「出口」での規制を設けることになります。そのため、今まで以上に過剰な漁獲や乱獲を防ぎやすくなります。

（https://www.wwf.or.jp/activities/opinion/3814.html）

第二節　水産資源の調査及び評価

◆条文

【新第九条（資源調査及び資源評価）】

1　農林水産大臣は、海洋環境に関する情報、水産資源の生息又は生育の状況に関する情報、採捕及び漁ろうの実績に関する情報その他の資源評価（水産資源の資源量の水準及びその動向に関する評価をいう。以下この章において同じ。）を行うために必要となる情報を収集するための調査（以下この条及び次条第三項において「資源調査」という。）を行うものとする。

2　農林水産大臣は、資源調査を行うに当たつては、人工衛星に搭載される観測用機器、船舶に搭載される魚群探知機その他の機器を用いて、情報を効率的に収集するよう努めるものとする。

３　農林水産大臣は、資源調査の結果に基づき、最新の科学的知見を踏まえて資源評価を実施するものとする。
４　農林水産大臣は、資源評価を行うに当たつては、全ての種類の水産資源について評価を行うよう努めるものとする。
５　農林水産大臣は、国立研究開発法人水産研究・教育機構に、資源調査又は資源評価に関する業務を行わせることができる。

【新第十条（都道府県知事の要請等）】
１　都道府県知事は、農林水産大臣に対し、資源評価が行われていない水産資源について資源評価を行うよう要請をすることができる。
２　都道府県知事は、前項の規定により要請をするときは、当該要請に係る資源評価に必要な情報を農林水産大臣に提供しなければならない。
３　都道府県知事は、前項の規定による場合のほか、農林水産大臣の求めに応じて、資源調査に協力するものとする。

◆註解

水産基本法の第十五条（水産資源に関する調査及び研究）により、「国は、水産資源の適切な保存及び管理に資するため、水産資源に関する調査及び研究その他必要な施策を講ずるものとする」と定められています。

これに関連して、水産庁ホームページの「資源管理の部屋」と題するＷｅｂページでは、「４ 水産資源の評価」という見出しの下に、次のように記載されています。

漁獲量や漁獲努力量を適切に管理していくためには、科学的なデータに基づいて適切に行うことが必要です。もし、資源の状態と漁業管理のバランスがとれないと、過剰な漁獲によって資源の状態が悪化したり，漁獲できる水準を大きく下回って管理され、安定的な水産資源の供給が妨げられたりすることになります。

このため、水産資源の状態や漁業の状態の適切な把握を目的とし、資源調査を通じた資源評価を行っています。

(http://www.jfa.maff.go.jp/j/suisin/)

このように、これまでも資源調査及び資源評価は行われて来ましたが、今回の改正で明文化され、漁業法の旧第九条（漁業権に基かない定置漁業等の禁止）及び旧第十条（漁業の免許）が削除され、新たに第九条（資源調査及び資源評価）及び第十条（都道府県知事の要請等）が設けられました。

第三節　水産資源管理基本方針

(1) 水産資源管理体制

水産庁ホームページの「資源管理指針・資源管理計画」と題するＷｅｂページによれば、平成二十三年度からは、国や都道府県が「資源管理指針」を作成し、同指針に沿って関係漁業者が「資源管理計画」を作成・実施する新たな資源管理体制が導入されました。これに関連して、平成二十三年三月二十九日に制定された「資源管理指針・計画作成要領」（二十二水管第二三五四号〔平成三十年八月三十一日最終改正：三〇水管第一三四八号〕）と題する水産庁長官通知では、「第一　資源管理指針・計画体制の趣旨」という見出しの下に、次のように記載されています。

> 水産資源の管理につき、資源状況や当該資源を利用する漁業の実態等を踏まえ、合理的かつ計画的に実施することを目的として、国及び各都道府県は、水産資源に関する管理の方針、これを踏まえた魚種又は漁業種類ごとの具体的な管理方策等を内容とする資源管理指針を策定し、関係漁業者が指針内容に沿った具体的な計画である資源管理計画を作成・履行することとする。
> これにより、資源管理指針・計画体制を確立し、水産資源を利用する全ての漁業者が、関係資源の状況等に合わせ、科学的、合理的な資源管理に計画的に取り組むことによって、我が国全体での資源管理の推進を図るものである。
>
> (http://www.jfa.maff.go.jp/j/suisin/s_keikaku2/attach/pdf/s_keikaku2-4.pdf)

（２）資源管理基本方針

◆**条文**

【新第十一条（資源管理基本方針）】

１　農林水産大臣は、資源評価を踏まえて、資源管理に関する基本方針（以下この章及び第百二十五条第一項第一号において「資源管理基本方針」という。）を定めるものとする。

2　資源管理基本方針においては、次に掲げる事項を定めるものとする。

一　資源管理に関する基本的な事項

二　資源管理の目標

三　特定水産資源（漁獲可能量による管理を行う水産資源をいう。以下同じ。）及びその管理年度（特定水産資源の保存及び管理を行う年度をいう。以下この章において同じ。）

四　特定水産資源ごとの大臣管理区分(農林水産大臣が設定する管理区分をいう。以下この章において同じ。)

五　特定水産資源ごとの漁獲可能量の都道府県及び大臣管理区分への配分の基準

六　大臣管理区分ごとの漁獲量（第十七条第一項に規定する漁獲割当管理区分以外の管理区分にあつては、漁獲量又は漁獲努力量。第十四条第二項第四号において同じ）の管理の手法

七　漁獲可能量による管理以外の手法による資源管理に関する事項

八　その他資源管理に関する重要事項

【新第十二条（資源管理の目標等）】

1　前条第二項第二号の資源管理の目標は、資源評価が行われた水産資源について、水産資源ごとに次に掲げる資源量の水準（以下この条及び第十五条第二項において「資源水準」という。）の値を定めるものとする。

一　最大持続生産量（現在及び合理的に予測される将来の自然的条件の下で持続的に採捕することが可能な水産資源の数量の最大値をいう。次号において同じ。）を実現するために維持し、又は回復させるべき目標となる値（同号及び第十五条第二項において「目標管理基準値」という。）

二　資源水準の低下によつて最大持続生産量の実現が著しく困難になることを未然に防止するため、その値

を下回つた場合には資源水準の値を目標管理基準値にまで回復させるための計画を定めることとする値（第十五条第二項第二号において「限界管理基準値」という。）

2　水産資源を構成する水産動植物の特性又は資源評価の精度に照らし前項各号に掲げる値を定めることができないときは、当該水産資源の漁獲量又は漁獲努力量の動向その他の情報を踏まえて資源水準を推定した上で、その維持し、又は回復させるべき目標となる値を定めるものとする。

3　前条第二項第三号の管理年度は、特定水産資源の特性及びその採捕の実態を勘案して定めるものとする。

4　前条第二項第五号の配分の基準は、水域の特性、漁獲の実績その他の事項を勘案して定めるものとする。

【新第十三条（国際的な枠組み）】

1　農林水産大臣は、資源管理基本方針を定めるに当たつては、水産資源の持続的な利用に関する国際機関その他の国際的な枠組み（我が国が締結した条約その他の国際約束により設けられたものに限る。以下この条及び第五十二条第二項において「国際的な枠組み」という。）において行われた資源評価を考慮しなければならない。

2　農林水産大臣は、資源管理基本方針を定めようとするときは、国際的な枠組みにおいて決定されている資源管理の目標その他の資源管理に関する事項を考慮しなければならない。

3　農林水産大臣は、国際的な枠組みにおいて資源管理の目標その他の資源管理に関する事項が新たに決定され、又は変更されたときは、資源管理基本方針に検討を加え、必要があると認めるときは、第十一条第五項の規定により資源管理基本方針を変更しなければならない。

◆**註解**

（ａ）策定

漁業法に統合されたＴＡＣ法では、農林水産大臣が第三条第一項に基づき策定する基本計画の中で、「海洋生物資源の保存及び管理に関する基本方針」（同条第二項第一号）を定めることになっていました。それを承継したのが改正後の第十一条（資源管理基本方針）ですが、形式的には旧第十一条（免許の内容等の事前決定）が削除され、新たに第十一条が設けられました。改正後は同条第一項に基づき農林水産大臣が資源評価（第九条第三項）を踏まえて基本方針を策定し、この基本方針に即して都道府県知事が第十四条（都道府県資源管理方針）第一項に基づき管理指針を策定することになります。

（ｂ）目標の設定

今回の改正により、旧第十二条（海区漁業調整委員会への諮問）が削除され、新たに第十二条（資源管理の目標等）が設けられました。この条文に関連して、令和元年六月四日に開催された水産政策審議会第九十五回資源管理分科会で配布された「水産改革の制度運用（資源管理関係）について」（資料６．１）と題する文書では、「資源管理目標の設定」という見出しの下に、次のように記載されています。

> ●現在は、主要種について、安定した加入が見込める最低限の親魚資源量（Ｂｌｉｍｉｔ）への維持・回復を目指した管理を実施。
> ●今後は、持続的な水産資源の利用を確保していくため、大臣の定める資源管理基本方針において、
> ①目標管理基準値：最大持続生産量を達成する資源水準の値
> ②限界管理基準値：乱かくを未然に防止するための資源水準の値（これを下回った場合には目標管理

基準値まで回復させるための計画を定めることとする）を設定し、これらを基に管理を実施。

●目標管理基準値と限界管理基準値を定めることができないときは、資源水準を推定した上で、維持・回復させるべき目標となる資源水準の値を設定。

(http://www.jfa.maff.go.jp/j/council/seisaku/kanri/attach/pdf/190605-18.pdf)

（c）国際的な枠組みとの関係

水産庁ホームページの『平成二十八年度 水産白書』というサイトの「第一部 平成二十八年度 水産の動向」「第一章 特集 世界とつながる我が国の漁業～国際的な水産資源の持続的利用を考える～」「第三節 国際的な漁業の管理」というカテ中、「（1）『国連海洋法条約』に基づく国際的な漁業管理の枠組み」と題するＷｅｂページでは、次のように記載されています。

今日の国際的な海洋秩序の礎を成しているのは、「国連海洋法条約」です。「国連海洋法条約」は海の憲法とも呼ばれ、領海から公海、深海底に至る海洋のあらゆる領域における航行、海底資源開発、科学調査、漁業等の様々な人間活動について規定する極めて包括的なものです。昭和五十七（一九八二）年に採択され、平成六（一九九四）年に発効した本条約は、これまでに我が国を含む168か国が締結しており、海洋における普遍的なルールとなっています。

漁業に関しても、「国連海洋法条約」が基本的なルールを提供しています。ＥＥＺ内の水産資源については、沿岸国がその開発、保存及び管理について主権的権利を有しており、入手可能な最良の科学的証拠に基づき、自国のＥＥＺ内の資源を適切に管理します。ただし、２つ以上の国のＥＥＺ又はある国のＥＥＺと公海水域にまたがって分布する資源（以下「ストラドリング魚類資源」といいます）については、関係国がその保存等のための措置について合意するよう努力することとされています。マグロ類等の高度回遊性魚類の資源については、EEZの内外を問わず、関係国が保存・利用のため国際機関等を通じて協力することとされています。公海では全ての国が漁獲の自由を享受しますが、公海における資源の保存・管理に協力すること等が条件として付されています。また、公海上の漁船に対し管轄権を行使するのは、その漁船の船籍国（旗国）です。

（http://www.jfa.maff.go.jp/j/kikaku/wpaper/h28_h/trend/1/t1_1_3_1.html）

このような国際情勢を反映して、今回の改正により、旧第十三条（免許をしない場合）が削除され、新たに第十三条（国際的な枠組みとの関係）が設けられました。

（3）都道府県資源管理方針

◆条文

【新第十四条（都道府県資源管理方針）】

1　都道府県知事は、資源管理基本方針に即して、当該都道府県において資源管理を行うための方針（以下この章及び第百二十五条第一項第一号において「都道府県資源管理方針」という。）を定めるものとする。ただし、特定水産資源の採捕が行われていない都道府県の知事については、この限りでない。

2　都道府県資源管理方針においては、次に掲げる事項を定めるものとする。

一　資源管理に関する基本的な事項

二　特定水産資源ごとの知事管理区分（都道府県知事が設定する管理区分をいう。以下この章において同じ。）

三　特定水産資源ごとの漁獲可能量（当該都道府県に配分される部分に限る。）の知事管理区分への配分の基準
四　知事管理区分ごとの漁獲量の管理の手法
五　漁獲可能量による管理以外の手法による資源管理に関する事項
六　その他資源管理に関する重要事項

3　前項第三号の配分の基準は、水域の特性、漁獲の実績その他の事項を勘案して定めるものとする。

4　都道府県知事は、都道府県資源管理方針を定めようとするときは、関係海区漁業調整委員会の意見を聴かなければならない。

5　都道府県知事は、都道府県資源管理方針を定めようとするときは、農林水産大臣の承認を受けなければならない。

6　都道府県知事は、都道府県資源管理方針を定めたときは、遅滞なく、これを公表しなければならない。

7　農林水産大臣は、資源管理基本方針の変更により都道府県資源管理方針が資源管理基本方針に適合しなくなつたと認めるときは、当該都道府県資源管理方針を定めた都道府県知事に対し、当該都道府県資源管理方針を変更すべき旨を通知しなければならない。

8　都道府県知事は、前項の規定により通知を受けたときは、都道府県資源管理方針を変更しなければならない。

9　都道府県知事は、前項の場合を除くほか、直近の資源評価、最新の科学的知見、漁業の動向その他の事情を勘案して、都道府県資源管理方針について検討を行い、必要があると認めるときは、これを変更するものとする。

10　第四項から第六項までの規定は、前二項の規定による都道府県資源管理方針の変更について準用する。

◆註解

漁業法に統合されたＴＡＣ法では、都道府県知事が第四条第一項に基づき策定する都道府県計画の中で、「海洋生物資源の保存及び管理に関する方針」（同条第二項第一号）を定めることになっていました。それを実質的に承継したのが改正後の第十四条（都道府県資源管理方針）ですが、形式的には削除された旧第十四条（免許についての適格性）に代わって、新たに設けられました。この改正に関連して、農林中金総合研究所の田口さつき主任研究員が執筆した「新漁業法と都道府県」（『農中総研　調査と情報』第七四号〔二〇一八年五月〕十六ページ以下）と題する報告書では、「1　資源管理における都道府県の役割」という見出しの下に、次のように記載されています。

> 資源管理では、農林水産大臣が定める「資源管理基本方針」に即して、都道府県知事も「都道府県資源管理方針」の策定が新たに義務づけられた（第十四条）。農林水産大臣は、資源管理の対象となる魚種ごとに一年間に採捕できる数量の最高限度（漁獲可能量）と、その一部のなかから都道府県ごとに配分する量を定める（第十五条）。知事は、この配分量を知事の管轄する管理区分ごとにさらに配分する（第十六条）。

（https://www.nochuri.co.jp/report/pdf/nri1909re8.pdf）

第四節　漁獲可能量による管理

(1)　漁獲可能量等の設定

◆条文

【新第十五条（農林水産大臣による漁獲可能量等の設定）】

1　農林水産大臣は、資源管理基本方針に即して、特定水産資源ごと及びその管理年度ごとに、次に掲げる数量を定めるものとする。

一　漁獲可能量

二　漁獲可能量のうち各都道府県に配分する数量（以下この章において「都道府県別漁獲可能量」という。）

三　漁獲可能量のうち大臣管理区分に配分する数量（以下この節及び第百二十五条第一項第四号において「大臣管理漁獲可能量」という。）

2　農林水産大臣は、次に掲げる基準に従い漁獲可能量を定めるものとする。

一　資源水準の値が目標管理基準値を下回つている場合（次号に規定する場合を除く。）は、資源水準の値が目標管理基準値を上回るまで回復させること。

二　資源水準の値が限界管理基準値を下回つている場合は、農林水産臣が定める第十二条第一項第二号の計画に従つて、資源水準の値が目標管理基準値を上回るまで回復させること。

三　資源水準の値が目標管理基準値を上回つている場合は、資源水準の値が目標管理基準値を上回る状態を維持すること。

四　第十二条第二項の目標となる値を定めたときは、同項の規定により推定した資源水準の値が当該目標となる値を上回るまで回復させ、又は当該目標となる値を上回る状態を維持すること。

3　農林水産大臣は、第一項各号に掲げる数量を定めようとするときは、水産政策審議会の意見を聴かなければならない。

4　農林水産大臣は、都道府県別漁獲可能量を定めようとするときは、関係する都道府県知事の意見を聴くものとし、その数量を定めたときは、遅滞なく、これを当該都道府県知事に通知するものとする。

5　農林水産大臣は、第一項各号に掲げる数量を定めたときは、遅滞なく、これを公表しなければならない。

6　前三項の規定は、第一項各号に掲げる数量の変更について準用する。

【新第十六条（知事管理漁獲可能量の設定）】

1　都道府県知事は、都道府県資源管理方針に即して、都道府県別漁獲可能量について、知事管理区分に配分する数量（以下この節及び第百二十五条第一項第四号において「知事管理漁獲可能量」という。）を定めるものとする。

2　都道府県知事は、知事管理漁獲可能量を定めようとするときは、関係海区漁業調整委員会の意見を聴かなければならない。

3　都道府県知事は、知事管理漁獲可能量を定めようとするときは、農林水産大臣の承認を受けなければならない。

4　都道府県知事は、知事管理漁獲可能量を定めたときは、遅滞なく、これを公表しなければならない。

5　前三項の規定は、知事管理漁獲可能量の変更について準用する。この場合において、第三項中「定めようとするとき」とあるのは、「変更しようとするとき（農林水産省令で定める軽微な変更を除く。）」と読み替えるものとする。

6　都道府県知事は、前項において読み替えて準用する第三項の農林水産省令で定める軽微な変更をしたときは、遅滞なく、その旨を農林水産大臣に報告しなければならない。

◆注解

今回の漁業法改正により旧第十五条（優先順位）及び旧第十六条（定置漁業の免許の優先順位）が削除され、新たに第十五条（農林水産大臣による漁獲可能量等の設定）及び第十六条（知事管理漁獲可能量の設定）が設けられました。改正後は、特定水産資源（漁獲可能量による管理を行う水産資源）の種類別に一年間の漁獲量の上限を「漁獲可能量」としてあらかじめ定め、漁業の管理主体である国及び都道府県ごとに割り当て、それぞれの管理主体が割当量の範囲内に漁獲量を収めるようにするという制度の大枠が定められています。

（2）漁獲割当てによる漁獲量の管理

◆条文

【新第十七条（漁獲割当割合の設定）】

1　漁獲割当てによる漁獲量の管理を行う管理区分（以下この節並びに第百二十四条第一項及び第百三十二条第二項第一号において「漁獲割当管理区分」という。）において当該漁獲割当ての対象となる特定水産資源を採捕しようとする者は、当該管理区分が大臣管理区分である場合には農林水産大臣、知事管理区分である場合には当該知事管理区分に係る都道府県知事に申請して、当該特定水産資源の採捕に使用しようとする船舶等ごとに漁獲割当ての割合（以下この款において「漁獲割当管理区分」という。）の設定を求めることができる。

2　前項の漁獲割当割合の有効期間は、一年を下らない農林水産省令で定める期間とする。

3　農林水産大臣又は都道府県知事は、漁獲割当割合の設定をしようとするときは、あらかじめ、漁獲割当管理区分ごとに、船舶等ごとの漁獲実績その他農林水産省令で定める事項を勘案して設定の基準を定め、これに従つて設定を行わなければならない。

4　農林水産大臣又は都道府県知事は、漁獲割当ての対象となる特定水産資源の再生産の阻害を防止するために漁業時期若しくは漁具の制限その他の漁獲可能量による管理以外の手法による資源管理を行う必要があると認めるとき、又は漁獲割当割合の設定を受けた者の間の紛争を防止する必要があると認めるときは、漁獲割当割合の設定を、当該漁獲割当ての対象となる特定水産資源の採捕に係る漁業に係る許可等（第三百六条第一項若しくは第五十七条第一項の許可又は第三百八条（第五十八条において準用する場合を含む。）の認可をいう。）を受け、又は当該採捕に係る個別漁業権（第六十二条第二項第一号ホに規定する個別漁業権をいう。）を有する者（第二十三条第二項第一号において「有資格者」という。）に限ることができる。

【新第十八条（漁獲割当割合の設定を行わない場合）】

1　前条第一項の規定により申請した者が次の各号に掲げる者のいずれかに該当するときは、農林水産大臣又は都道府県知事は、漁獲割当割合の設定を行つてはならない。

一　漁業又は労働に関する法令を遵守せず、かつ、引き続き遵守することが見込まれない者

二　暴力団員による不当な行為の防止等に関する法律（平成三年法律第七十七号）第二条第六号に規定する暴力団員又は同号に規定する暴力団員でなくなつた日から五年を経過しない者（以下「暴力団員等」という。）

三　法人であつて、その役員又は政令で定める使用人のうちに前二号のいずれかに該当する者があるもの

四　暴力団員等がその事業活動を支配する者

五　その申請に係る漁業を営むに足りる経理的基礎を有しない者

2　農林水産大臣又は都道府県知事は、前項の規定により漁獲割当割合の設定を行わないときは、あらかじめ、当該申請者にその理由を文書をもつて通知し、公開による意見の聴取を行わなければならない。

3　前項の意見の聴取に際しては、当該申請者又はその代理人は、当該事案について弁明し、かつ、証拠を提出することができる。

【新第十九条（年次漁獲割当量の設定）】

1　農林水産大臣又は都道府県知事は、農林水産省令で定めるところにより、管理年度ごとに、漁獲割当割合設定者（第十七条第一項の規定により漁獲割当割合の設定を受けた者をいう。以下この款において同じ。）に対し、年次漁獲割当量（漁獲割当管理区分において管理年度中に特定水産資源を採捕することができる数量をいう。以下この款及び第百三十二条第二項第一号において同じ。）を設定する。

2　年次漁獲割当量は、当該管理年度に係る大臣管理漁獲可能量又は知事管理漁獲可能量に漁獲割当割合設定者が設定を受けた漁獲割当割合を乗じて得た数量とする。

3　農林水産大臣又は都道府県知事は、第一項の規定により年次漁獲割当量を設定したときは、当該年次漁獲割当量の設定を受けた者（以下この款及び第百三十二条第二項第一号において「年次漁獲割当量設定者」という。）に対し当該年次漁獲割当量を通知するものとする。

4　農林水産大臣又は都道府県知事は、政令で定めるところにより、年次漁獲割当量設定者の同意を得て、電磁的方法（第百六条第五項に規定する電磁的方法をいう。）により通知を発することができる。

【新第二十条（漁獲割当管理原簿）】

1　農林水産大臣又は都道府県知事は、漁獲割当管理原簿を作成し、漁獲割当割合及び年次漁獲割当量の設定、移転及び取消しの管理を行うものとする。

2　漁獲割当管理原簿については、行政機関の保有する情報の公開に関する法律（平成十一年法律第四十二号）の規定は、適用しない。

3　漁獲割当管理原簿に記録されている保有個人情報（行政機関の保有する個人情報の保護に関する法律（平成十五年法律第五十八号）第二条第五項に規定する保有個人情報をいう。）については、同法第四章の規定は、適用しない。

4　漁獲割当管理原簿は、電磁的記録（電子的方式、磁気的方式その他人の知覚によつては認識することができない方式で作られる記録であつて、電子計算機による情報処理の用に供されるものとして農林水産省令で定めるものをいう。）で作成することができる。

【新第二十一条（漁獲割当割合の移転）】

1　漁獲割当割合は、船舶等とともに当該船舶等ごとに設定された漁獲割当割合を譲り渡す場合その他農林水産省令で定める場合に該当する場合であつて農林水産大臣又は都道府県知事の認可を受けたときに限り、移転をすることができる。この場合において、当該移転を受けた者は漁獲割当割合設定者と、当該移転をされた漁獲割当割合は第十七条第一項の規定により設定を受けた漁獲割当割合と、それぞれみなして、この款の規定を適用する。

2　農林水産大臣又は都道府県知事は、漁獲割当割合の移転を受けようとする者が第十八条第一項各号に掲げる者のいずれかに該当する場合その他農林水産省令で定める場合は、前項の認可をしてはならない。

3　漁獲割当割合設定者が死亡し、解散し、又は分割（漁獲割当割合の設定を受けた船舶等を承継させるものに限る。）をしたときは、その相続人（相続人が二人以上ある場合においてその協議により漁獲割当割合の設定を受けた船舶等を承継すべき者を定めたときは、その者）、合併後存続する法人若しくは合併によつて成立した法人又は分割によつて漁獲割当割合の設定を受けた船舶等を承継した法人は、当該漁獲割当割合設定者の地位（相続又は分割により漁獲割当割合の設定を受けた船舶等割合の一部を承継した者にあつては、当該一部の船舶等に係る部分に限る。）を承継する。

4　前項の規定により漁獲割当割合設定者の地位を承継した者は、承継の日から二月以内にその旨を農林水産大臣又は都道府県知事に届け出なければならない。

【新第二十二条（年次漁獲割当量の移転）】

1　年次漁獲割当量は、他の漁獲割当割合設定者に譲り渡す場合その他農林水産省令で定める場合に該当する場合であつて農林水産大臣又は都道府県知事の認可を受けたときに限り、移転をすることができる。この場合において、当該移転を受けた者は年次漁獲割当量設定者と、当該移転をされた年次漁獲割当量は第十九条第一項の規定により設定を受けた年次漁獲割当量と、それぞれみなして、この款及び第百三十二条第二項第一号の規定を適用する。

2　農林水産大臣又は都道府県知事は、次の各号のいずれかに該当する場合は、前項の認可をしてはならない。

一　年次漁獲割当量の移転を受けようとする者が第十八条第一項各号に掲げる者のいずれかに該当する場合

二　移転をしようとする年次漁獲割当量が、当該移転をしようとする年次漁獲割当量設定者が設定を受けた年次漁獲割当量から当該年次漁獲割当量設定者が当該管理年度において採捕した特定水産資源の数量を減じた数量よりも大きいと認められる場合

三　前二号に掲げる場合のほか、農林水産省令で定める場合

3　年次漁獲割当量設定者が死亡し、解散し、又は分割（年次漁獲割当量を承継させるものに限る。）をしたときは、その相続人（相続人が二人以上ある場合においてその協議により年次漁獲割当量を承継すべき者を定めたときは、その者）、合併後存続する法人若しくは合併によつて成立した法人又は分割によつて年次漁獲割当量を承継した法人は、当該年次漁獲割当量設定者の地位（相続又は分割により年次漁獲割当量の一部を承継した者にあつては、当該一部の年次漁獲割当量に係る部分に限る。）を承継する。

4　前項の規定により年次漁獲割当量設定者の地位を承継した者は、承継（適格性の喪失等による取消し）の日から二月以内にその旨を農林水産大臣又は都道府県知事に届け出なければならない。

【新第二十三条（漁獲割当割合の設定を行わない場合）】

1　農林水産大臣及び都道府県知事は、漁獲割当割合設定者又は年次漁獲割当量設定者が第十八条第一項各号（第五号を除く。）に掲げる者のいずれかに該当することとなつた場合には、これらの者が設定を受けた漁獲割当割合及び年次漁獲割当量を取り消さなければならない。

2　農林水産大臣及び都道府県知事は、漁獲割当割合設定者又は年次漁獲割当量設定者が次の各号のいずれかに該当することとなつた場合には、これらの者が設定を受けた漁獲割当割合及び年次漁獲割当量を取り消すことができる。

一　第十七条第四項の規定により漁獲割当割合の設定を有資格者に限る場合において、有資格者でなくなつた場合

二　第十八条第一項第五号に掲げる者に該当することとなつた場合

3　前二項の規定による処分に係る聴聞の期日における審理は、公開により行わなければならない。

【新第二十四条（政令への委任）】
第十七条から前条までに定めるもののほか、漁獲割当管理原簿への記録その他漁獲割当てに関し必要な事項は、政令で定める。

【新第二十五条（採捕の制限）】
1　漁獲割当管理区分においては、当該漁獲割当管理区分に係る年次漁獲割当量設定者でなければ、当該漁獲割当ての対象となる特定水産資源の採捕を目的として当該特定水産資源の採捕をしてはならない。
2　年次漁獲割当量設定者は、漁獲割当管理区分においては、その設定を受けた年次漁獲割当量を超えて当該漁獲割当ての対象となる特定水産資源の採捕をしてはならない。

【新第二十六条（漁獲量等の報告）】
1　年次漁獲割当量設定者は、漁獲割当管理区分において、特定水産資源の採捕をしたときは、農林水産省令で定める期間内に、農林水産省令又は規則で定めるところにより、漁獲量その他漁獲の状況に関し農林水産省令で定める事項を、当該漁獲割当管理区分が大臣管理区分である場合には農林水産大臣、知事管理区分である場合には当該知事管理区分に係る都道府県知事に報告しなければならない。
2　都道府県知事は、前項の規定により報告を受けたときは、農林水産省令で定めるところにより、速やかに、当該事項を農林水産大臣に報告するものとする。

【新第二十七条（停泊命令等）】
農林水産大臣又は都道府県知事は、年次漁獲割当量設定者が第二十五条第二項の規定に違反してその設定を受けた年次漁獲割当量を超えて特定水産資源の採捕をし、かつ、当該採捕を引き続きするおそれがあるときは、当該採捕をした者が使用する船舶について停泊港及び停泊期間を指定して停泊を命じ、又は当該採捕に使用した漁具その他特定水産資源の採捕の用に供される物について期間を指定してその使用の禁止若しくは陸揚げを命ずることができる。

【新第二十八条（年次漁獲割当量の控除）】

農林水産大臣又は都道府県知事は、漁獲割当割合設定者である年次漁獲割当量設定者が第二十五条第二項の規定に違反してその設定を受けた年次漁獲割当量を超えて特定水産資源を採捕したときは、その超えた部分の数量を基準として農林水産省令で定めるところにより算出する数量を、次の管理年度以降において当該漁獲割当割合設定者に設定する年次漁獲割当量から控除することができる。

【新第二十九条（漁獲割当割合の削減）】

1　農林水産大臣又は都道府県知事は、漁獲割当割合設定者である年次漁獲割当量設定者が第二十五条第二項の規定に違反してその設定を受けた年次漁獲割当量を超えて特定水産資源を採捕し、又は第二十七条の規定による命令に違反したときは、農林水産省令で定めるところにより、その設定を受けた漁獲割当割合を減ずる処分をすることができる。

2　農林水産大臣又は都道府県知事は、前項の処分をしようとするときは、行政手続法（平成五年法律第八十八号）第十三条第一項の規定による意見陳述のための手続の区分にかかわらず、聴聞を行わなければならない。

3　第一項の処分に係る聴聞の期日における審理は、公開により行わなければならない。

【新第三十条（漁獲量等の報告）】

1　漁獲割当管理区分以外の管理区分において特定水産資源の採捕（漁獲努力量の総量の管理を行う管理区分（以下この項及び次条において「漁獲努力量管理区分」という。）にあつては、当該漁獲努力量に係る漁ろう。

以下この款において同じ。）をする者は、特定水産資源の採捕をしたときは、農林水産省令で定める期間内に、農林水産省令又は規則で定めるところにより、当該特定水産資源の漁獲量（漁獲努力量管理区分にあつては、当該特定水産資源に係る漁獲努力量。以下この款において同じ。）その他漁獲の状況に関し農林水産省令で定める事項を、当該管理区分が大臣管理区分（漁獲割当管理区分以外のものに限る。以下この款において同じ。）である場合には農林水産大臣、知事管理区分（漁獲割当管理区分以外のものに限る。以下この款において同じ。）である場合には当該知事管理区分に係る都道府県知事に報告しなければならない。

2　都道府県知事は、前項の規定により報告を受けたときは、農林水産省令で定めるところにより、速やかに、当該事項を農林水産大臣に報告するものとする。

◆註解

改正前の漁業法第十七条乃至第三十条はすべて削除され、いずれも新たな条項が設けられました。

（a）個別割当（ＩＱ方式）の導入

わが国ではこれまでＴＡＣ法の下に所謂オリンピック方式（又はダービー方式）と呼ばれていますが、漁業者の自由競争に任せておきながら、総漁獲量が上限に達した時点で操業停止（平たく言えば「早い者勝ち」）とする制度が採用されて来ましたが、漁業法の改正後は第十七条（漁獲割当割合の設定）により、漁獲実績等を勘案して船舶等ごとに漁獲割当てを設定（Ｉｎｐｕｔ Ｑｕｏｔａ＝ＩＱ）する方式（個別割当方式）に変わります。

（b）漁獲割当割合の設定

第十七条（漁獲割当割合の設定）第一項により、漁獲割当てによる漁獲量の管理を行う管理区分（「漁獲割当管理区分」）において当該漁獲割当ての対象となる特定水産資源を採捕しようとする者は、当該特定水産資源の採捕に使用しようとする船舶等ごとに漁獲割当ての割合（「漁獲割当割合」）の設定を求めることができます。

また、同条第三項により、漁獲割当割合は、漁獲割当管理区分ごとに、船舶等ごとの漁獲実績等を勘案して定められる基準に従って設定されます。

因みに、水産庁ホームページの「水産政策の改革について」と題するＷｅｂページでリンクが張られている「水産政策の改革について」と題する文書では、「資源管理⑥（運用に関するＱ＆Ａ）」という見出しの下に、「ＩＱはどのように配分するのか」という質問に対する回答という形式で、次のように記載されています。

> 漁獲割当て（ＩＱ）の配分は、船舶等ごとの過去の漁獲実績を基本に、その他の農林水産大臣が定める事項を勘案して、農林水産大臣又は都道府県知事が配分基準をあらかじめ定め、その配分基準に従って配分。
> 農林水産大臣が定める勘案事項は、ＩＱによる管理を行う管理区分ごとに農林水産省令に定める。
> なお、勘案事項や配分基準を定める際は、農林水産大臣の管理区分に係るものについては水産政策審議会、都道府県知事の管理区分に係るものについては海区漁業調整委員会の意見を聴くなど、漁業者など関係者の声を聴いた上で定める仕組みとしている。

(http://www.jfa.maff.go.jp/j/kikaku/kaikaku/attach/pdf/suisankaikaku-18.pdf)

（ｃ）年次漁獲割当量の設定

第十九条（年次漁獲割当量の設定）第一項により、農林水産大臣又は都道府県知事は、管理年度ごとに漁獲割当割合設定者に対して年次漁獲割当量を設定し、同条第三項により、年次漁獲割当量設定者に対して当該年次漁獲割当量を通知することが義務付けられています。

また、同条第二項により、「年次漁獲割当量は、当該管理年度に係る大臣管理漁獲可能量又は知事管理漁獲可能量に漁獲割当割合設定者が設定を受けた漁獲割当割合を乗じて得た数量とする」と定められています。これを単純化した計算式で表示すると、

年次漁獲割当量＝当該管理年度の漁獲可能量×漁獲割当割合

となります。

（d）漁獲割当割合の移転の制限

第二十一条（漁獲割当割合の移転）により、漁獲割当割合の移転は原則として禁止されており、船舶の譲渡等、一定の要件を満たす場合に限り農林水産大臣又は都道府県知事の認可を受けることができます。この規定について、水産庁ホームページで掲示されている「水産政策の改革について」と題する文書【前頁既出】では、「資源管理⑥（運用に関するＱ＆Ａ）」という見出しの下に、「ＩＱの移転はどのような場合に認められるのか。特定の漁業者に集中するのではないか。」という質問に対する回答という形式で、次のように記載されています。

> 漁獲割当て（ＩＱ）の移転は、船舶等とともに移転する場合のほか、農林水産大臣が定める場合に限定しており、具体的には、複数の船舶を有する漁業者がその船舶間で移転する場合などを想定。
> 移転が認められる場合を定める際は、水産政策審議会の意見を聴くなど、漁業者など関係者の声を聴いた上で定める仕組みとしている。
> なお、ＩＱは管理区分ごとに導入するため、沖合漁業者の船舶に管理区分の異なる沿岸漁業者のＩＱ

を移転する場合や、不当な集中に至るおそれがある場合は、認可しない。

（http://www.jfa.maff.go.jp/j/kikaku/kaikaku/attach/pdf/suisankaikaku-18.pdf）

（e）年次漁獲割当量の移転の制限

第二十二条（年次漁獲割当量の移転）により、年次漁獲割当量の移転は他の漁獲割当割合設定者に譲り渡す場合等、一定の要件を満たす場合に限り農林水産大臣又は都道府県知事の認可を受けることができます。この規定の主眼は、年次漁獲割当量の全量を消化する見込みがない場合、当該年次漁獲割当量を他の漁獲割当割合設定者に譲渡することにより、漁業収入の確保を図ることにあります。

（f）採捕の制限

漁業法の改正前は漁業調整及び水産資源の保護培養などを目的として漁業法第六十五条第一項及び水産資源保護法第四条第一項により水産動植物の採捕が制限されていましたが、改正後は「漁獲割当てによる漁獲量の管理」という目的で漁業法第二十五条（採捕の制限）により水産資源の採捕が制限されます。

（g）漁獲量等の報告

特定水産資源の採捕をした者は、漁獲割当管理区分においては第二十六条により、また非漁獲割当管理区分においては第三十条により、いずれも大臣管理区分にあっては農林水産大臣に、知事管理区分にあっては都道府県知事に、漁獲量等を報告することが義務付けられています。

（３）漁獲量等の総量の管理

①漁獲量の総量規制

◆条文

【新第三十一条（漁獲量等の公表）】

農林水産大臣又は都道府県知事は、大臣管理区分又は知事管理区分における特定水産資源の漁獲量の総量が当該管理区分に係る大臣管理漁獲可能量又は知事管理漁獲可能量（漁獲努力量管理区分にあつては、当該管理区分に係る漁獲努力可能量。次条及び第三十三条において同じ。）を超えるおそれがあると認めるときその他農林水産令で定めるときは、当該漁獲量の総量その他農林水産省令で定める事項を公表するものとする。

【新第三十二条（助言、指導又は勧告）】

1　農林水産大臣は、次の各号のいずれかに該当すると認めるときは、それぞれ当該各号に定める者に対し、必要な助言、指導又は勧告をすることができる。

一　大臣管理区分における特定水産資源の漁獲量の総量が当該大臣管理区分に係る大臣管理漁獲可能量を超えるおそれが大きい場合　当該大臣管理区分において当該特定水産資源の採捕をする者

二　一の特定水産資源に係る全ての大臣管理区分における当該特定水産資源の漁獲量の総量が当該全ての大臣管理区分に係る大臣管理漁獲可能量の合計を超えるおそれが大きい場合　当該全ての大臣管理区分のいずれかにおいて当該特定水産資源の採捕をする者

三　特定水産資源の漁獲量の総量が当該特定水産資源の漁獲可能量を超えるおそれが大きい場合　当該特定水産資源の採捕をする者

2　都道府県知事は、次の各号のいずれかに該当すると認めるときは、それぞれ当該各号に定める者に対し、必要な助言、指導又は勧告をすることができる。

一　知事管理区分における特定水産資源の漁獲量の総量が当該知事管理区分に係る知事管理漁獲可能量を超えるおそれが大きい場合　当該知事管理区分において当該特定水産資源の採捕をする者

二　一の特定水産資源に係る全ての知事管理区分における当該特定水産資源の漁獲量の総量が当該都道府県の都道府県別漁獲可能量を超えるおそれが大きい場合　当該全ての知事管理区分のいずれかにおいて当該特定水産資源の採捕をする者

【新第三十三条（採捕の停止等）】

1　農林水産大臣は、次の各号のいずれかに該当すると認めるときは、それぞれ当該各号に定める者に対し、農林水産省令で定めるところにより、期間を定め、採捕の停止その他特定水産資源の採捕に関し必要な命令をすることができる。

一　大臣管理区分における特定水産資源の漁獲量の総量が当該大臣管理区分に係る大臣管理漁獲可能量を超えており、又は超えるおそれが著しく大きい場合　当該大臣管理区分において当該特定水産資源の採捕をする者

二　一の特定水産資源に係る全ての大臣管理区分における当該特定水産資源の漁獲量の総量が当該全ての大臣管理区分に係る大臣管理漁獲可能量の合計を超えており、又は超えるおそれが著しく大きい場合　当該全ての大臣管理区分のいずれかにおいて当該特定水産資源の採捕をする者

三　特定水産資源の漁獲量の総量が当該特定水産資源の漁獲可能量を超えており、又は超えるおそれが著しく大きい場合　当該特定水産資源の採捕をする者

2　都道府県知事は、次の各号のいずれかに該当すると認めるときは、それぞれ当該各号に定める者に対し、規則で定めるところにより、期間を定め、採捕の停止その他特定水産資源の採捕に関し必要な命令をすることができる。

一　知事管理区分における特定水産資源の漁獲量の総量が当該知事管理区分に係る知事管理漁獲可能量を超えており、又は超えるおそれが著しく大きい場合　当該知事管理区分において当該特定水産資源の採捕をする者

二　一の特定水産資源に係る全ての知事管理区分における当該特定水産資源の漁獲量の総量が当該都道府県の都道府県別漁獲可能量を超えており、又は超えるおそれが著しく大きい場合　当該全ての知事管理区分のいずれかにおいて当該特定水産資源の採捕をする者

【新第三十四条（停泊命令等）】

農林水産大臣又は都道府県知事は、前条の命令を受けた者が当該命令に違反する行為をし、かつ、当該行為を引き続きするおそれがあるときは、当該行為をした者が使用する船舶について停泊港及び停泊期間を指定して停泊を命じ、又は当該行為に使用した漁具その他特定水産資源の採捕の用に供される物について期間を指定してその使用の禁止若しくは陸揚げを命ずることができる。

◆注解

改正前の第三十一条乃至第三十四条は削除され、新たに第三十一条乃至第三十四条が設けられました。

改正後の漁業法では、総漁獲量が漁獲可能量や漁獲努力可能量を超えるおそれがあると認められるとき、第

三十一条（組合員の同意）に基づき、漁獲量の総量その他農林水産省令で定める事項が公表されます。そのおそれが大きいときは、第三十二条（助言、指導又は勧告）に基づき、農林水産大臣又は都道府県知事の助言、指導又は勧告を受けます。

更に総漁獲量が漁獲可能量や漁獲努力可能量を超えており、又は超えるおそれが著しく大きい場合は、第三十三条（採捕の停止等）に基づき、農林水産大臣又は都道府県知事は「期間を定め、採捕の停止その他特定水産資源の採捕に関し必要な命令」を下します。

この命令に違反する行為をし、かつ、当該行為を引き続きするおそれがあるときは、第三十四条（停泊命令等）に基づき、農林水産大臣又は都道府県知事は「当該行為をした者が使用する船舶について停泊港及び停泊期間を指定して停泊を命じ、又は当該行為に使用した漁具その他特定水産資源の採捕の用に供される物について期間を指定してその使用の禁止若しくは陸揚げを命ずる」ことになります。

②国による調整

◆条文

【新第百三十三条（漁獲努力量の調整のための措置）】

国は、漁業調整の円滑な実施を確保するため、水産資源の状況及び当該水産資源の採捕の状況に照らし、当該水産資源の採捕に使用される船舶の数又は操業日数の削減その他の漁業者による漁獲努力量（第七条第三項に規定する漁獲努力量をいう。）の調整を図るために必要な措置を講ずるものとする。

◆註解

今回の改正により、旧第百三十三条（漁業手数料）は第百七十五条（漁業手数料）に改められ【本書二五六頁参照】、新たに第百三十三条（漁獲努力量の調整のための措置）が設けられました。この条文の目的は、平成三十年十月二十九日に開催された規制改革推進会議の第1回水産ワーキング・グループの会合で配布された『規制改革実施計画』に基づく新たな法制度の概要」と題する文書によれば、「新たな資源管理措置への円滑な移行を進めるために、減船や休漁措置などに対する支援を行う」ことにあります。

因みに、水産庁漁政部参事官の矢花渉史氏が執筆した「水産政策の改革について」(『水産振興』第六一一号〔平成三十年十一月一日東京水産振興会発行〕）と題する記事では、「四．生産性の向上に資する漁業許可制度の見直し（遠洋・沖合漁業）」という見出しの下に、次のように記載されています。

> 今回の改革では、船ごとに漁獲しても良い数量の限度を決める個別割当制度（いわゆるＩＱ）を導入し、漁獲数量を厳守することを前提として、トン数等の漁船の規模を制限してきた規制を見直し、居住性、安全性、作業性の高い漁船が導入できるように検討を進めます。
>
> 漁船の大型化により沿岸漁業が脅かされることにならないかといった御質問もいただきますが、これまでも、沖合漁船の大型化に当たっては、例えば、日本周辺で操業するまき網の場合ですと、魚を獲る網船を大型化する一方で、探索船・運搬船などを含めた船団全体としては隻数を減らし、漁獲努力量を削減するといった形で、関係漁業者の理解を得ながら大型化を進め、マサバの資源回復においても一定の効果を上げてきた実績があります。今回は、こうした措置に加えてＩＱの導入を進め、漁獲量の抑制を確実にすることにより、的確に沖合と沿岸の漁業者間の調整を行うことができると考えています。

（https://www.suisan-shinkou.or.jp/promotion/pdf/SuisanShinkou_611.pdf）〔原書六頁〕

（4）補則

◆**条文**

【新第三十五条】

都道府県知事は、都道府県別漁獲可能量の管理を行うに当たり特に必要があると認めるときは、農林水産大臣に対し、第百二十一条第三項の規定により同条第一項の指示について必要な指示をすることを求めることができる。

◆**注釈**

改正前の「第二章 漁業権及び入漁権」（第六条乃至第五十一条）は削除され、新たに「第二章　水産資源の保存及び管理」が設けられ、末尾の「第四節　補則」は第三十五条だけで構成されています。【＜関連条文＞新第百二十一条（広域漁業調整委員会の指示）：本書一九五頁参照】

第四部　許可漁業

漁業は陸に近い方から遠方に向かって、地先漁業と沿岸漁業と沖合漁業と遠洋漁業に分類することができます。この枠組みは変りませんが、今回の漁業法改正により、「第三章 指定漁業」（第五十二条乃至第六十四条）は削除され、入れ替わりに「第三章 許可漁業」（第三十六条乃至第五十九条）が新設されました。

第一節　通則

(1) 許可漁業の種類

許可漁業は、大別すると、大臣許可漁業と知事許可漁業の二種類があります。従前の大臣許可業は指定漁業と特定大臣許可漁業で、また知事許可漁業は一般知事許可漁業と法定知事許可漁業で、いずれも二本立てで構成されていましたが、今回の改正により大臣許可漁業【本書九三頁参照】も知事許可漁業【本書百頁参照】も一本化されました。これを表形式で記載すると、次のようになります。

	改正前	改正後
農林水産大臣が許可をする漁業	指定漁業 特定大臣許可漁業	大臣許可漁業
都道府県知事が許可をする漁業	一般知事許可漁業 法定知事許可漁業	知事許可漁業

（2）許可を受けた者の責務

◆条文

【新第三十七条（許可を受けた者の責務）】

前条第一項の農林水産省令で定める漁業（以下「大臣許可漁業」という。）について同項の許可（以下この節（第四十七条を除く。）において単に「許可」という。）を受けた者は、資源管理を適切にするために必要な取組を自ら行うとともに、漁業の生産性の向上に努めるものとする。

◆注解

今回の漁業法改正により新設された第三十七条（許可を受けた者の責務）は、改正前に無かった条文であり、文字取り新たに設けられたものです。見出しは「許可を受けた者の責務」となっていますが、いわゆる努力義務規定です。

（3）起業の認可

◆条文

【旧第五十四条（起業の認可）】

1　指定漁業（母船式漁業を除く。）の許可を受けようとする者であつて現に船舶を使用する権利を有しないものは、船舶の建造に着手する前又は船舶を譲り受け、借り受け、その返還を受け、その他船舶を使用する権利を取得する前に、船舶ごとに、あらかじめ起業につき農林水産大臣の認可を受けることができる。

2　母船式漁業の許可を受けようとする者であつて現に母船又は独航船等を使用する権利を有しないものは、

母船若しくは独航船等の建造に着手する前又は母船若しくは独航船等を譲り受け、借り受け、その返還を受け、その他母船若しくは独航船等を使用する権利を取得する前に、母船及び独航船等ごとにそれぞれ、あらかじめ起業につき農林水産大臣の認可を受けることができる。

3　母船式漁業の許可を受けようとする者であつて現に母船又は独航船等を使用する権利を有するものは、当該母船と同一の船団に属する独航船等の全部について母船式漁業の起業の認可が申請され、又は当該独航船等と同一の船団に属する母船について母船式漁業の起業の認可が申請されている場合には、当該母船又は独航船等について、あらかじめ起業につき農林水産大臣の認可を受けることができる。

4　第五十二条第五項の規定は、前二項の認可に準用する。

【新第三十八条（起業の認可）】

許可を受けようとする者であつて現に船舶を使用する権利を有しないものは、船舶の建造に着手する前又は船舶を譲り受け、借り受け、その返還を受け、その他船舶を使用する権利を取得する前に、船舶ごとに、あらかじめ起業につき農林水産大臣の認可を受けることができる。

【旧第五十五条】

1　起業の認可を受けた者がその起業の認可に基いて指定漁業の許可を申請した場合において、申請の内容が認可を受けた内容と同一であり、かつ、当該認可に係る指定漁業の許可の有効期間中であるときは、次条第一項各号の一に該当する場合を除き、許可をしなければならない。

2　起業の認可を受けた者が、認可を受けた日から農林水産大臣の指定した期間内に許可を申請しないときは、起業の認可は、その期間の満了の日に、その効力を失う。

【新第三十九条】

１　前条の認可（以下この節において「起業の認可」という。）を受けた者がその起業の認可に基づいて許可を申請した場合において、申請の内容が認可を受けた内容と同一であるときは、農林水産大臣は、次条第一項各号のいずれかに該当する場合を除き、許可をしなければならない。

２　起業の認可を受けた者が、認可を受けた日から農林水産大臣の指定した期間内に許可を申請しないときは、起業の認可は、その期間の満了の日に、その効力を失う。

◆**註解**

平成二十八年七月十三日に開催された水産政策審議会の「第七八回資源管理分科会」で配布された「指定漁業の許可等の一斉更新について」と題する資料（資料四）では、「（参考）指定漁業制度の概要について①」という一節の中で、「二．起業の認可」という見出しの下に、次のように記載されています。

> 指定漁業の許可を受けようとする者が、すでに当該漁業に使用する船舶を持っている場合は直ちに許可申請ができるが、現に船舶の使用権を有しない場合には、船舶の建造に着手する前又は船舶の使用権を取得する前に、あらかじめ起業の認可を受けることができることとされている。
>
> これは許可の事前承認ないし条件付き許可としての性格を有するものであり、船舶の使用権を取得して同一内容の許可の申請をした場合には、特段の事情がない限り許可されることとなっている。

(http://www.jfa.maff.go.jp/j/council/seisaku/kanri/pdf/78-data4.pdf)

このような起業の認可制度（旧第五十四条及び旧第五十五条）は、改正後も第三十八条及び第三十九条で引き継がれています。

（4）許認可の要件

◆条文

【旧第五十六条（許可又は起業の認可をしない場合）】

1　左の各号の一に該当する場合は、農林水産大臣は、指定漁業の許可又は起業の認可をしてはならない。

一　申請者が次条に規定する適格性を有する者でない場合

二　その申請に係る漁業と同種の漁業の許可の不当な集中に至る虞がある場合

三　申請者が当該申請に係る母船と同一の船団に属する独航船等又は当該申請に係る独航船等と同一の船団に属する母船について、現に許可若しくは起業の認可を受けており又は受けようとする者と異なる場合において、その申請につきその者の同意がないとき。

2　農林水産大臣は、前項の規定により許可又は認可をしないときは、あらかじめ、当該申請者にその理由を文書をもつて通知し、公開による意見の聴取を行わなければならない。

3　前項の意見の聴取に際しては、当該申請者又はその代理人は、当該事案について弁明し、かつ、証拠を提出することができる。

【新第四十条（許可又は起業の認可をしない場合）】

1　次の各号のいずれかに該当する場合は、農林水産大臣は、許可又は起業の認可をしてはならない。

一　申請者が次条第一項に規定する適格性を有する者でない場合

二　その申請に係る漁業と同種の漁業の許可の不当な集中に至るおそれがある場合

2　農林水産大臣は、前項の規定により許可又は起業の認可をしないときは、あらかじめ、当該申請者にその理由を文書をもつて通知し、公開による意見の聴取を行わなければならない。

3　前項の意見の聴取に際しては、当該申請者又はその代理人は、当該事案について弁明し、かつ、証拠を提出することができる。

【旧第五十七条（許可又は起業の認可についての適格性）】

1　指定漁業の許可又は起業の認可について適格性を有する者は、次の各号のいずれにも該当しない者とする。

一　漁業に関する法令を遵守する精神を著しく欠く者であること。

二　労働に関する法令を遵守する精神を著しく欠く者であること。

三　許可を受けようとする船舶（母船式漁業にあつては、母船又は独航船等）が農林水産大臣の定める条件を満たさないこと。

四　その申請に係る漁業を営むに足りる資本その他の経理的基礎を有しないこと。

五　第一号又は第二号の規定により適格性を有しない者が、どんな名目によるのであつても、実質上当該漁業の経営を支配するに至るおそれがあること。

2　農林水産大臣は、前項第三号の条件を定めようとするときは、水産政策審議会の意見を聴かなければならない。

【新第四十一条（許可又は起業の認可をしない場合）】

1　許可又は起業の認可について適格性を有する者は、次の各号のいずれにも該当しない者とする。

一　漁業又は労働に関する法令を遵守せず、かつ、引き続き遵守することが見込まれない者であること。

二　暴力団員等であること。

三　法人であつて、その役員又は政令で定める使用人のうちに前二号のいずれかに該当する者があるものであること。

四　暴力団員等がその事業活動を支配する者であること。

五　許可を受けようとする船舶が農林水産大臣の定める基準を満たさないこと。

六　その申請に係る漁業を適確に営むに足りる生産性を有さず、又は有することが見込まれない者であること。

2　農林水産大臣は、前項第五号の基準を定め、又は変更しようとするときは、水産政策審議会の意見を聴かなければならない。

◆註解

許認可の要件を定める第四十条及び第四十一条は、形式的には新設ですが、実質的には削除された改正前の第五十六条及び第五十七条の一部が改められたものです。両条は、第四十一条第一項第六号を除き、知事許可漁業に準用されています。

特に大きな変更点は、第四十一条第一項第二号乃至第四号により、暴力団等の反社会的勢力の排除が明文化されたことです。また、同項第六号は、旧第五十七条第一項第四号の条文を改めたもので、同号に該当する場合、今後は新設された第五十三条による勧告を受けることになります【本書九八頁参照】。

（5）新規の許認可

◆条文

【旧第五十八条（公示）】

1　農林水産大臣は、指定漁業の許可又は起業の認可をする場合には、第五十五条第一項及び第五十九条の規定による場合を除き、当該指定漁業につき、あらかじめ、水産動植物の繁殖保護又は漁業調整その他公益に支障を及ぼさない範囲内において、かつ、当該指定漁業を営む者の数、経営その他の事情を勘案して、その許可又は起業の認可をすべき船舶の総トン数別の隻数又は総トン数別及び操業区域別若しくは操業期間別の隻数（母船式漁業にあつては、母船の総トン数別の隻数又は総トン数別及び操業区域別若しくは操業期間別の隻数並びに各母船と同一の船団に属する独航船等の種類別及び総トン数別の隻数）並びに許可又は起業の認可を申請すべき期間を定め、これを公示しなければならない。

2　前項の許可又は起業の認可を申請すべき期間は、三箇月を下ることができない。ただし、農林水産省令で定める緊急を要する特別の事情があるときは、この限りでない。

3　農林水産大臣は、第一項の規定により公示すべき事項を定めようとするときは、水産政策審議会の意見を聴かなければならない。ただし、前項の農林水産省令で定める緊急を要する特別の事情があるときは、この限りでない。

4　農林水産大臣は、一の指定漁業につきその許可をし又は起業の認可をしても水産動植物の繁殖保護又は漁業調整その他公益に支障を及ぼさないと認めるときは、当該指定漁業につき第一項の規定による公示をしなければならない。

5　水産政策審議会は、前項の公示に関し農林水産大臣に意見を述べることができる。

【旧第五十八条の二（公示に基づく許可等）】

1　前条第一項の規定により公示した許可又は起業の認可を申請すべき期間内に許可又は起業の認可を申請した者の申請に対しては、同項の規定により公示した事項の内容と異なる申請である場合及び第五十六条第一項各号のいずれかに該当する場合を除き、許可又は起業の認可をしなければならない。ただし、当該申請が母船式漁業に係る場合において、当該申請が前条第一項の規定により公示した事項の内容に適合する場合及び第五十六条第一項各号のいずれかに該当しない場合であつても、当該申請に係る母船と同一の船団に属する独航船等についての申請の全部又は当該申請に係る独航船等と同一の船団に属する母船についての申請が前条第一項の規定により公示した事項の内容と異なる申請である場合及び第五十六条第一項各号のいずれかに該当するときは、この限りでない。

2　前項の規定により許可又は起業の認可をしなければならない申請に係る船舶の隻数（母船式漁業にあつては、母船の数。以下この項から第五項までにおいて同じ。）が前条第一項の規定により公示した船舶の隻数を超えるときは、前項の規定にかかわらず、農林水産大臣は、公正な方法でくじを行い、許可又は起業の認可をする者を定める。

3　農林水産大臣は、第一項の規定により許可又は起業の認可をしなければならない申請に係る船舶の隻数が前条第一項の規定により公示した船舶の隻数を超える場合において、その申請のうちに次に掲げる申請があるときは、前項の規定にかかわらず、その申請に対して、次の順序に従つて、他の申請に優先して許可又は起業の認可をしなければならない。

一　現に当該指定漁業の許可又は起業の認可を受けている者（次号の申請に基づく許可又は起業の認可を受けている者にあつては、新技術の企業化により現にこの号の申請に基づく許可を受けている者と同程度の漁業生産を確保することが可能となつたものとして農林水産省令で定める基準に適合するものに限り、当該指定漁業の許可の有効期間の満了日が前条第一項の規定により公示した許可又は起業の認可を申請すべき期間の末日以前である場合にあつては、当該許可の有効期間の満了日において当該指定漁業の許可又は起業の認可を受けていた者を含む。）が当該指定漁業の許可の有効期間（起業の認可を受けており又は受けていた者にあつては、当該起業の認可に係る指定漁業の許可の有効期間）の満了日の到来のため当該許可又は起業の認可に係る船舶と同一の船舶についてした申請（母船式漁業にあつては、同一の船団に属する母船及び独航船等の全部について、当該許可又は起業の認可に係る母船又は独航船等と同一の母船又は独航船等についてした申請）

二　漁業生産力の発展に特に寄与すると農林水産大臣が認める試験研究又は新技術の企業化のために使用する船舶についてされた申請

4　農林水産大臣は、前項の規定により許可又は起業の認可をしなければならない申請のうち同項第一号に係るものに係る船舶の隻数が前条第一項の規定により公示した船舶の隻数を超える場合には、前項の規定にかかわらず、少なくとも次に掲げる事項を勘案して（母船式漁業にあつては、同一の船団に属する母船及び独航船等について次に掲げる事項を勘案して）許可又は起業の認可の基準を定め、これに従つて許可又は起業の認可をしなければならない。

一　前項の規定により許可又は起業の認可をしなければならない申請に係る船舶（母船式漁業にあつては、母船又は独航船等。第六項において同じ。）の申請者別隻数

二　当該指定漁業の操業状況

三　各申請者が当該指定漁業に依存する程度

5　農林水産大臣は、第三項の規定により許可又は起業の認可をしなければならない申請のうち同項第二号に係るものに係る船舶の隻数が前条第一項の規定により公示した船舶の隻数から第三項第一号の申請に基づく許可又は起業の認可を受けた船舶の隻数を差し引いた隻数を超える場合には、同項の規定にかかわらず、同項第二号の申請に係る試験研究又は新技術の企業化の内容が漁業生産力の発展に寄与する程度を勘案して許

可又は起業の認可の基準を定め、これに従つて許可又は起業の認可をしなければならない。

6　次の各号のいずれかに該当する場合における措置その他前各項の規定の適用に関し必要な事項は、政令で定める。

一　当該指定漁業の許可又は起業の認可の申請をした後において、当該申請に係る船舶が滅失し又は沈没した場合

二　当該指定漁業について従前の許可又は起業の認可を受けている船舶が、前条第一項の許可又は起業の認可を申請すべき期間の満了日の前六箇月以内に滅失し又は沈没した場合

三　当該指定漁業の許可又は起業の認可の申請に係る船舶について、次条各号の規定により許可又は起業の認可の申請をし、これに対する許可若しくは起業の認可又は申請の却下を受けていない場合

四　当該指定漁業の許可又は起業の認可の申請をした者が、その申請をした後において死亡し又は解散した場合

7　農林水産大臣は、第三項第一号の農林水産省令並びに第四項及び第五項の基準を定めようとするときは、水産政策審議会の意見を聴かなければならない。

【新第四十二条（新規の許可又は起業の認可）】

1　農林水産大臣は、許可（第三十九条第一項及び第四十五条の規定によるものを除く。以下この条において同じ。）又は起業の認可（第四十五条の規定によるものを除く。以下この条において同じ。）をしようとするときは、当該大臣許可漁業を営む者の数、当該大臣許可漁業に係る船舶の数及びその操業の実態その他の事情を勘案して、許可又は起業の認可をすべき船舶の数及び船舶の総トン数、操業区域、漁業時期、漁具の種類その他の農林水産省令で定める事項に関する制限措置を定め、当該制限措置の内容及び許可又は

起業の認可を申請すべき期間を公示しなければならない。

２　前項の申請すべき期間は、三月を下ることができない。ただし、農林水産省令で定める緊急を要する特別の事情があるときは、この限りでない。

３　農林水産大臣は、第一項の規定により公示する制限措置の内容及び申請すべき期間を定めようとするときは、水産政策審議会の意見を聴かなければならない。ただし、前項ただし書の農林水産省令で定める緊急を要する特別の事情があるときは、この限りでない。

４　第一項の申請すべき期間内に許可又は起業の認可を申請した者（次項において「申請者」という。）に対しては、農林水産大臣は、第四十条第一項各号のいずれかに該当する場合を除き、許可又は起業の認可をしなければならない。

５　前項の規定により許可又は起業の認可をすべき船舶の数が第一項の規定により公示した船舶の数を超える場合においては、前項の規定にかかわらず、申請者の生産性を勘案して許可又は起業の認可をする者を定めるものとする。

６　前項の規定により許可又は起業の認可をする者を定めることができないときは、公正な方法でくじを行い、許可又は起業の認可をする者を定めるものとする。

【新第四十三条（公示における留意事項）】

農林水産大臣は、漁獲割当ての対象となる特定水産資源の採捕を通常伴うと認められる大臣許可漁業について、前条第一項の規定による公示をするに当たつては、当該大臣許可漁業において採捕すると見込まれる水産資源の総量のうちに漁獲割当ての対象となる特定水産資源の数量の占める割合が農林水産大臣が定める割合を下回ると認められる場合を除き、船舶の数及び船舶の総トン数その他の船舶の規模に関する制限措置を定めないものとする。

【新第四十四条（許可等の条件）】

1　農林水産大臣は、漁業調整その他公益上必要があると認めるときは、許可又は起業の認可をするに当たり、許可又は起業の認可に条件を付けることができる。

2　農林水産大臣は、漁業調整その他公益上必要があると認めるときは、許可又は起業の認可後、当該許可又は起業の認可に条件を付けることができる。

3　農林水産大臣は、前項の規定により条件を付けようとするときは、行政手続法第十三条第一項の規定による意見陳述のための手続の区分にかかわらず、聴聞を行わなければならない。

4　第二項の規定による条件の付加に係る聴聞の期日における審理は、公開により行わなければならない。

◆註解

改正後の第四十二条（新規の許可又は起業の認可）は、手続上は新設ですが、実質的に旧第五十八条及び同条の二を引き継いでいます。

それに対して、改正後の第四十三条（公示における留意事項）及び第四十四条（許可等の条件）は、改正前に無かった条文であり、文字通り新たに設けられたものです。

第四十三条の主眼は、漁獲量の相当部分に個別割当（ＩＱ）が導入された漁船については船舶の規模による制限をしないことにあります。この点について、水産庁ホームページで掲示されている「漁業法等の一部を改正する等の法律Ｑ＆Ａ」【本書二三頁既出】と題する文書では、「四．漁船の大型化」という見出しの下に、「漁船の大型化については、沿岸漁業者の操業に支障が生じないようにすべき」という質問に対する回答という形式で、次のように記載されています。

1　個別割当（IQ）による漁獲制限がなされた船を対象とするので、大型化しても漁獲量が増えないことが前提です。さらに、沿岸漁業者との調整を行い、国が責任をもって資源管理の実施や紛争の防止を確保し、他の漁業に支障がないことを確認した上で、コスト削減や漁船の居住性・安全性の向上を図ります。

2　なお、衆議院の附帯決議では、「沖合・遠洋漁業の漁船の大型化については、関係沿岸漁業者及び漁業者団体との十分な調整を行うとともに、漁獲割当てのみならず、操業区域、漁業時期、漁具の種類等の制限措置を講じることにより、資源管理の着実な実施及び漁場の使用に関する紛争の防止が確保できることが確認された場合にのみ認めること」とされており、この内容を踏まえて改正法の運用がなされることになります。

(http://www.jfa.maff.go.jp/j/kikaku/kaikaku/attach/pdf/suisankaikaku-15.pdf)

（6）許可の有効期間

◆条文

【旧第六十条（許可の有効期間）】

1　指定漁業の許可の有効期間は、五年とする。ただし、前条の規定によつて許可をした場合は、従前の許可の残存期間とする。

2　前項の有効期間は、同一の指定漁業については同一の期日に満了するようにしなければならない。

3　農林水産大臣は、水産動植物の繁殖保護又は漁業調整のため必要な限度において、水産政策審議会の意見を聴いて、第一項の期間より短い期間を定めることができる。

【新第四十六条（許可の有効期間）】

1　許可の有効期間は、漁業の種類ごとに五年を超えない範囲内において農林水産省令で定める期間とする。ただし、前条（第一号を除く。）の規定によつて許可をした場合は、従前の許可の残存期間とする。

2　農林水産大臣は、漁業調整のため必要な限度において、水産政策審議会の意見を聴いて、前項の期間より短い期間を定めることができる。

◆**註解**

改正後の第四十六条は、手続上は新設ですが、実質的には旧第六十条を引き継いでいます。但し、許可の有効期間は、改正前は一律に五年と定められていましたが、改正後は漁業の種類ごとに五年を超えない範囲内で定められることになります。また、旧第六十条第二項が削除され、今後は許可の更新が随時なされること（一斉更新制度の廃止）になります。

（7）変更の許可

◆**条文**

【旧第六十一条（変更の許可）】

指定漁業の許可又は起業の認可を受けた者が、その許可又は起業の認可を受けた船舶（母船式漁業にあつては、母船又は独航船等。以下この条及び次条において同じ。）について、その船舶の総トン数を増加し、又は操業区域その他の農林水産省令で定める事項を変更しようとするときは、農林水産大臣の許可を受けなければならない。

【新第四十七条（変更の許可）】

大臣許可漁業の許可を受けた者が、第四十二条第一項の農林水産省令で定める事項について、同項の規定により定められた制限措置と異なる内容により、大臣許可漁業を営もうとするときは、農林水産大臣の許可を受けなければならない。

◆註解

改正後の第四十七条は、手続上は新設ですが、実質的には旧第六十一条を引き継いでいます。但し、第四十二条第一項【本書八〇頁参照】の改正に対応して条文が改められています。

(8) 許認可の失効

◆条文

【旧第六十二条の二（許可等の失効）】
1　次の各号のいずれかに該当する場合は、当該指定漁業の許可又は起業の認可は、その効力を失う。
一　指定漁業の許可を受けた船舶（母船式漁業にあつては、母船又は独航船等。次号及び第三号において同じ。）を当該指定漁業に使用することを廃止したとき。
二　指定漁業の許可又は起業の認可を受けた船舶が滅失し又は沈没したとき。
三　指定漁業の許可を受けた船舶を譲渡し、貸し付け、返還し、その他その船舶を使用する権利を失つたとき。
2　次の各号のいずれかに該当する場合は、当該母船と同一の船団に属する独航船等の全部又は当該独航船等と同一の船団に属する母船に係る母船式漁業の許可又は起業の認可は、その効力を失う。
一　母船式漁業の許可を受けた母船又は同一の船団に属する独航船等の全部を当該母船式漁業に使用するこ

とを廃止したとき。
二　母船式漁業の許可又は起業の認可を受けた母船又は同一の船団に属する独航船等の全部が滅失し又は沈没したとき。
三　母船式漁業の許可を受けた母船又は同一の船団に属する独航船等の全部を譲渡し、貸し付け、返還し、その他その母船又は独航船等の全部を使用する権利を失つたとき。
四　母船又は同一の船団に属する独航船等の全部に係る母船式漁業の許可又は起業の認可が次条第一項若しくは第二項又は第六十三条において準用する第三十九条第二項の規定により取り消されたとき。

【新第四十九条（許可等の失効）】
1　次の各号のいずれかに該当する場合は、許可又は起業の認可は、その効力を失う。
一　許可を受けた船舶を当該大臣許可漁業に使用することを廃止したとき。
二　許可又は起業の認可を受けた船舶が滅失し、又は沈没したとき。
三　許可を受けた船舶を譲渡し、貸し付け、返還し、その他その船舶を使用する権利を失つたとき。
2　許可又は起業の認可を受けた者は、前項各号のいずれかに該当することとなつたときは、その日から二月以内にその旨を農林水産大臣に届け出なければならない。

◆**注解**
改正後の第四十九条（許可等の失効）は、手続上は新設ですが、実質的には旧第六十二条の二（許可等の失効）を引き継いでおり、第一項は条文の一部を改めただけで、内容に変更がありません。それに対して、第二項は新たに設けられたもので、失効の手続を所定の期間内に行わせることが主眼です。

（9）休業

①届出

◆条文

【旧第三十五条（休業の届出）】

漁業権者が一漁業時期以上にわたつて休業しようとするときは、休業期間を定め、あらかじめ都道府県知事に届け出なければならない。

【新第五十条（休業等の届出）】

許可を受けた者は、一漁業時期以上にわたつて休業しようとするときは、休業期間を定め、あらかじめ農林水産大臣に届け出なければならない。

◆註解

改正後の第五十条は、手続上は新設ですが、実質的には旧第三十五条を引き継いでいます。但し、「漁業権者」という用語が「許可を受けた者」に改められました。これは新設された第三七条（許可を受けた者の責務）の文言に対応するものです【本書七一頁参照】。

②許可の取消し

◆条文

【旧第三十七条（休業による漁業権の取消し）】

1　免許を受けた日から一年間、又は引き続き二年間休業したときは、都道府県知事は、その漁業権を取り消すことができる。

2　漁業権者の責めに帰すべき事由による場合を除き、第三十九条第一項の規定に基づく処分、第六十五条第一項若しくは第二項の規定に基づく命令、第六十七条第一項の規定に基づく指示、同条第十一項の規定に基づく命令、第六十八条第一項の規定に基づく指示又は同条第四項において読み替えて準用する第六十七条第十一項の規定に基づく命令により漁業権の行使を停止された期間は、前項の期間に算入しない。

3　第一項の規定により漁業権を取り消そうとするときは、都道府県知事は、海区漁業調整委員会の意見を聴かなければならない。

4　前項の場合には、第三十四条第五項から第八項まで（意見の聴取）の規定を準用する。この場合において、同条第七項中「海区漁業調整委員会」とあるのは、「都道府県知事」と読み替えるものとする。

【新第五十一条（休業による許可の取消し）】

1　農林水産大臣は、許可を受けた者が農林水産省令で定める期間を超えて休業したときは、その許可を取り消すことができる。

2　許可を受けた者の責めに帰すべき事由による場合を除き、第五十五条第一項の規定により許可の効力を停止された期間及び第百十九条第一項若しくは第二項の規定に基づく命令、第百二十条第一項の規定による指示、同条第十一項の規定による命令、第百二十一条第一項の規定による指示又は同条第四項において読み替えて準用する第百二十条第十一項の規定による命令により大臣許可漁業を禁止された期間は、前項の期間に算入しない。

３　第一項の規定による許可の取消しに係る聴聞の期日における審理は、公開により行わなければならない。

◆**註解**

改正後の第五十一条は、手続上は新設ですが、実質的には旧第三十七条を引き継いでいます。但し、第一項の休業期間は、改正前は休業期間が「免許を受けた日から一年間、又は引き続き二年間」と法定されていましたが、改正後は省令に委任されています。また、第二項及び第三条は、それぞれ関連条文の改正に対応して文言が改められています。

(10)　スマート化

◆**条文**

【新第五十二条（資源管理の状況等の報告等）】

１　許可を受けた者は、農林水産省令で定めるところにより、当該許可に係る大臣許可漁業における資源管理の状況、漁業生産の実績その他の農林水産省令で定める事項を農林水産大臣に報告しなければならない。ただし、第二十六条第一項又は第三十条第一項の規定により農林水産大臣に報告した事項については、この限りでない。

２　農林水産大臣は、国際的な枠組みにおいて決定された措置の履行その他漁業調整のため特に必要があると認めるときは、許可を受けた者に対し、衛星船位測定送信機その他の農林水産省令で定める電子機器を当該許可を受けた船舶に備え付け、かつ、操業し、又は航行する期間中は当該電子機器を常時作動させることを命ずることができる。

◆註解

改正後の第五十二条は、文字通りの新設であり、ＩＣＴ（＝Information and Communication Technology 情報通信技術）の導入による水産業のスマート化が主眼です。

(11) 適格性の喪失等による許認可の取消等

◆条文

【旧第六十二条の三（適格性の喪失等による許可等の取消し）】

1 農林水産大臣は、指定漁業の許可又は起業の認可を受けた者が第五十六条第一項第二号又は第五十七条第一項各号（第四号を除く。）のいずれかに該当することとなつたときは、当該指定漁業の許可又は起業の認可を取り消さなければならない。

2 農林水産大臣は、指定漁業の許可又は起業の認可を受けた者が第五十七条第一項第四号に該当することとなつたときは、当該指定漁業の許可又は起業の認可を取り消すことができる。

3 前二項の規定による許可又は起業の認可の取消しに係る聴聞の期日における審理は、公開により行わなければならない。

【新第五十四条（適格性の喪失等による許可等の取消し等）】

1 農林水産大臣は、許可又は起業の認可を受けた者が第四十条第一項第二号又は第四十一条第一項各号（第六号を除く。）のいずれかに該当することとなつたときは、当該許可又は起業の認可を取り消さなければならない。

2 農林水産大臣は、許可又は起業の認可を受けた者が次の各号のいずれかに該当することとなつたときは、当該許可又は起業の認可を変更し、取り消し、又はその効力の停止を命ずることができる。

一　漁業に関する法令の規定に違反したとき。

二　前条の規定による勧告に従わないとき。

３　農林水産大臣は、前項の規定による処分をしようとするときは、行政手続法第十三条第一項の規定による意見陳述のための手続の区分にかかわらず、聴聞を行わなければならない。

４　第一項又は第二項の規定による処分に係る聴聞の期日における審理は、公開により行わなければならない。

◆**注解**

改正後の第五十四条は、手続上は新設ですが、実質的には旧第六十二条の三を引き継いでいます。但し、関連条文の改正に対応して文言が改められています。その内、第二項第二号は、第五十三条（勧告）が新設されたことに伴い、追加されました【本書九八頁参照】。

⑿　許可証

◆**条文**

【旧第五十二条（指定漁業の許可）第六項】

農林水産大臣は、第一項の許可をしたときは、農林水産省令で定めるところにより、その者に対し許可証を交付する。

【旧第六十二条の四（許可証の書換え交付等）】

許可証の書換え交付、再交付及び返納に関し必要な事項は、農林水産省令で定める。

【新第五十六条（許可証の交付等）】

1　農林水産大臣は、許可をしたときは、農林水産省令で定めるところにより、その者に対し許可証を交付する。

2　許可証の書換え交付、再交付及び返納に関し必要な事項は、農林水産省令で定める。

◆註解

改正後の第五十六条は新設ですが、実質的に第一項は旧第五十二条第六項を、第二項は旧第六十二条の四を引き継いでいます。

(13)　補則

◆**条文**

【新第五十九条】

この章に定めるもののほか、大臣許可漁業及び知事許可漁業の許可の手続その他この章の規定の実施に関し必要な事項は、農林水産省令で定める。

◆**註解**

改正後の第五十九条は文字通りの新設であり、今後は大臣許可漁業と知事許可漁業の許可手続その他の事項に関する細則は、農林水産省令で定められることになります。

第二節　大臣許可漁業

(1) 大臣許可

◆条文

【旧第五十二条（指定漁業の許可）】

1　船舶により行なう漁業であつて政令で定めるもの（以下「指定漁業」という。）を営もうとする者は、船舶ごとに（母船式漁業（製造設備、冷蔵設備その他の処理設備を有する母船及びこれと一体となつて当該漁業に従事する独航船その他の農林水産省令で定める船舶（以下「独航船等」という。）により行なう指定漁業をいう。以下同じ。）にあつては、母船及び独航船等ごとにそれぞれ）、農林水産大臣の許可を受けなければならない。

2　前項の政令は、水産動植物の繁殖保護又は漁業調整のため漁業者及びその使用する船舶について制限措置を講ずる必要があり、かつ、政府間の取決め、漁場の位置その他の関係上当該措置を統一して講ずることが適当であると認められる漁業について定めるものとする。

3　第一項の政令を制定し又は改廃する場合には、政令で、その制定又は改廃に伴い合理的に必要と判断される範囲内において、所要の経過措置を定めることができる。

4　農林水産大臣は、第一項の政令の制定又は改廃の立案をしようとするときは、水産政策審議会の意見を聴かなければならない。

5　母船式漁業に係る第一項の許可は、母船にあつてはこれと一体となつて当該漁業に従事する独航船等（以下「同一の船団に属する独航船等」という。）を、独航船等にあつてはこれと一体となつて当該漁業に従事する母船（以下「同一の船団に属する母船」という。）をそれぞれ指定して行なうものとする。

6　農林水産大臣は、第一項の許可をしたときは、農林水産省令で定めるところにより、その者に対し許可証を交付する。

【新第三十六条（農林水産大臣による漁業の許可）】

1　船舶により行う漁業であつて農林水産省令で定めるものを営もうとする者は、船舶ごとに、農林水産大臣の許可を受けなければならない。

2　前項の農林水産省令は、漁業調整（特定水産資源の再生産の阻害の防止若しくは特定水産資源以外の水産資源の保存及び管理又は漁場の使用に関する紛争の防止のために必要な調整をいう。以下同じ。）のため漁業者及びその使用する船舶（船舶において使用する漁ろう設備を含む。）について制限措置を講ずる必要があり、かつ、政府間の取決めが存在すること、漁場の区域が広域にわたることその他の政令で定める事由により当該措置を統一して講ずることが適当であると認められる漁業について定めるものとする。

3　農林水産大臣は、第一項の農林水産省令を制定し、又は改廃しようとするときは、水産政策審議会の意見を聴かなければならない。

◆**注解**

今回の改正により、「第三章　指定漁業」（第五十二条乃至第六十四条）が削除され、新たに「第三章　許可漁業」（第三十六条乃至第五十九条）が設けられました。改正後の第三十六条（農林水産大臣による漁業の許可）は、改正前の第五十二条（指定漁業の許可）を大幅に改めたものです。

また、改正前は、漁業法第六十五条第一項及び水産資源保護法第四条第一項に基づいて「特定大臣許可漁業等の取締りに関する省令」が定められており、この省令による許可漁業を「特定大臣許可漁業」といいます。今回の改正により、指定漁業と特定大臣許可漁業が「大臣許可漁業」として一本化されました。

（2）継続の許認可

◆条文

【旧第五十九条（許可等の特例）】

次の各号のいずれかに該当する場合は、その申請の内容が従前の許可又は起業の認可を受けた内容と同一であるときは、第五十六条第一項各号のいずれかに該当する場合を除き、指定漁業の許可又は起業の認可をしなければならない。

一　指定漁業の許可を受けた者が、その許可の有効期間中に、その許可を受けた船舶（母船式漁業にあつては、母船又は独航船等。以下この号から第三号までにおいて同じ。）を当該指定漁業に使用することを廃止し、他の船舶について許可又は起業の認可を申請した場合

二　指定漁業の許可を受けた者が、その許可を受けた船舶が滅失し、又は沈没したため、滅失又は沈没の日から六箇月以内（その許可の有効期間中に限る。）に他の船舶について許可又は起業の認可を申請した場合

三　指定漁業の許可を受けた者から、その許可の有効期間中に、許可を受けた船舶を譲り受け、借り受け、その返還を受け、その他相続又は法人の合併若しくは分割以外の事由により当該船舶を使用する権利を取得して当該指定漁業を営もうとする者が、当該船舶について指定漁業の許可又は起業の認可を申請し

た場合

四　母船式漁業について第一号又は第二号の規定により許可又は起業の認可が申請された場合において、従前の母船若しくは独航船等を当該母船式漁業に使用することを廃止し、又は従前の母船若しくは独航船等が滅失し若しくは沈没したため従前の母船と同一の船団に属する独航船等又は従前の独航船等と同一の船団に属する母船に係る母船式漁業の許可又は起業の認可がその効力を失つたことにより、その許可又は起業の認可を受けていた者が、当該許可若しくは起業の認可に係る独航船等若しくは母船又はこれらに代えて他の独航船等若しくは母船を当該申請に係る母船と同一の船団に属する独航船等又は当該申請に係る独航船等と同一の船団に属する母船として許可又は起業の認可を申請したとき。

【新第四十五条（継続の許可又は起業の認可等）】

次の各号のいずれかに該当する場合は、その申請の内容が従前の許可又は起業の認可を受けた内容と同一であるときは、第四十条第一項各号のいずれかに該当する場合を除き、許可又は起業の認可をしなければならない。

一　許可を受けた者が、その許可の有効期間の満了日の到来のため、その許可を受けた船舶と同一の船舶について許可を申請したとき。

二　許可を受けた者が、その許可の有効期間中に、その許可を受けた船舶を当該大臣許可漁業に使用することを廃止し、他の船舶について許可又は起業の認可を申請したとき。

三　許可を受けた者が、その許可を受けた船舶が滅失し、又は沈没したため、滅失又は沈没の日から六月以内（その許可の有効期間中に限る。）に他の船舶について許可又は起業の認可を申請したとき。

四　許可を受けた者から、その許可の有効期間中に、許可を受けた船舶を譲り受け、借り受け、その返還を受け、その他相続又は法人の合併若しくは分割以外の事由により当該船舶を使用する権利を取得して当該大臣許可漁業を営もうとする者が、当該船舶について許可又は起業の認可を申請したとき。

◆註解

改正後の第四十五条は、手続上は新設ですが、実質的には旧第五十九条を引き継いでいます。大きな改正点は、第一号が文字通り新設であり、適格性があれば、継続して許可が受けられるようになります。従来は一斉更新という制度の下で、公示が新規と更新のいずれの場合にも行われていましたが、改正後は新規に限られ、更新の場合は行われません。そして新規の許認可が従来は五年毎に行われる更新の時期に実施されて来ましたが、改正後は資源状況の変化や廃業等が生じたときに必要に応じてその都度実施されます【本書八四頁参照】。

（3）許認可の承継

◆条文

【旧第六十二条（相続又は法人の合併若しくは分割）】

1　指定漁業の許可又は起業の認可を受けた者が死亡し、解散し、又は分割（当該指定漁業の許可又は起業の認可を受けた船舶を承継させるものに限る。）をしたときは、その相続人（相続人が二人以上ある場合においてその協議により指定漁業を営むべき者を定めたときは、その者）、合併後存続する法人若しくは合併によつて成立した法人又は分割によつて当該船舶を承継した法人は、当該指定漁業の許可又は起業の認可を受けた者の地位を承継する。

2　前項の規定により指定漁業の許可又は起業の認可を受けた者の地位を承継した者は、承継の日から二箇月以内にその旨を農林水産大臣に届け出なければならない。

【新第四十八条（相続又は法人の合併若しくは分割）】

1　許可又は起業の認可を受けた者が死亡し、解散し、又は分割（当該許可又は起業の認可を受けた船舶を承継させるものに限る。）をしたときは、その相続人（相続人が二人以上ある場合においてその協議により大臣許可漁業を営むべき者を定めたときは、その者）、合併後存続する法人若しくは合併によつて成立した法人又は分割によつて当該船舶を承継した法人は、当該許可又は起業の認可を受けた者の地位を承継する。

2　前項の規定により許可又は起業の認可を受けた者の地位を承継した者は、承継の日から二月以内にその旨を農林水産大臣に届け出なければならない。

◆注解

改正後の第四十八条（相続又は法人の合併若しくは分割）は、手続上は新設ですが、実質的には旧第六十二条を引き継いでおり、文言を一部改めただけで、内容に変更がありません。

(4) 勧告

◆条文

【新第五十三条（勧告）】

農林水産大臣は、許可又は起業の認可を受けた者が第四十一条第一項第六号に該当することとなつたときは、当該許可又は起業の認可を受けた者に対し、必要な措置を講ずべきことを勧告するものとする。

◆注解

第五十三条は、許認可を受けた後に漁業生産性が低下した業業者に改善を促すために、今回の改正により新たに設けられました。尚、この規定は、知事許可漁業には準用されません。

（５）公益上の必要による許認可の取消し等

◆条文

【新第五十五条（公益上の必要による許可等の取消し等）】

１　農林水産大臣は、漁業調整その他公益上必要があると認めるときは、許可又は起業の認可を変更し、取り消し、又はその効力の停止を命ずることができる。

２　前条第三項及び第四項の規定は、前項の規定による処分について準用する。

３　水産資源保護法（昭和二十六年法律第三百十三号）第十二条の規定は、第一項の場合について準用する。この場合において、同条中「第十条第五項」とあるのは「漁業法第五十五条第一項」と、「同条第四項の告示の日」とあるのは「その許可の取消しの日」と読み替えるものとする。

◆注解

旧第六十三条第一項における旧第三十九条（公益上の必要による漁業権の変更、取消し又は行使の停止）の準用により、指定漁業について公益上の必要による許認可の取消し等の処分が行われていました。改正後は、新設の第五十五条により、大臣許可漁業について同様の処分が行われます。

第三節　知事許可漁業

(1) 知事許可

◆条文

【旧第六十五条（漁業調整に関する命令）第一項】

農林水産大臣又は都道府県知事は、漁業取締りその他漁業調整のため、特定の種類の水産動植物であつて農林水産省令若しくは規則で定めるものの採捕を目的として営む漁業若しくは特定の漁業の方法であつて農林水産省令若しくは規則で定めるものにより営む漁業（水産動植物の採捕に係るものに限る。）を禁止し、又はこれらの漁業について、農林水産省令若しくは規則で定めるところにより、農林水産大臣若しくは都道府県知事の許可を受けなければならないこととすることができる。

【旧第六十六条（許可を受けない中型まき網漁業等の禁止）】

1　中型まき網漁業、小型機船底びき網漁業、瀬戸内海機船船びき網漁業又は小型さけ・ます流し網漁業を営もうとする者は、船舶ごとに都道府県知事の許可を受けなければならない。

2　「中型まき網漁業」とは、総トン数五トン以上四十トン未満の船舶によりまき網を使用して行う漁業（指定漁業を除く。）をいい、「小型機船底びき網漁業」とは、総トン数十五トン未満の動力漁船により底びき網を使用して行う漁業をいい、「瀬戸内海機船船びき網漁業」とは、瀬戸内海（第百十条第二項に規定する瀬戸内海をいう。）において総トン数五トン以上の動力漁船により船びき網を使用して行う漁業をいい、「小型さけ・ます流し網漁業」とは、総トン数三十トン未満の動力漁船により流し網を使用してさけ又はますをとる漁業（母船式漁業を除く。）をいう。

３　農林水産大臣は、漁業調整のため必要があると認めるときは、都道府県別に第一項の許可をすることができる船舶の隻数、合計総トン数若しくは合計馬力数の最高限度を定め、又は海域を指定し、その海域につき同項の許可をすることができる船舶の総トン数若しくは馬力数の最高限度を定めることができる。

４　農林水産大臣は、前項の規定により最高限度を定めようとするときは、関係都道府県知事の意見を聴かなければならない。

５　都道府県知事は、第三項の規定により定められた最高限度を超える船舶については、第一項の許可をしてはならない。

【新第五十七条（都道府県知事による漁業の許可）】

１　大臣許可漁業以外の漁業であつて農林水産省令又は規則で定めるものを営もうとする者は、都道府県知事の許可を受けなければならない。

２　前項の農林水産省令は、都道府県の区域を超えた広域的な見地から、農林水産大臣が漁業調整のため漁業者又はその使用する船舶等について制限措置を講ずる必要があると認める漁業について定めるものとする。

３　農林水産大臣は、第一項の農林水産省令を制定し、又は改廃しようとするときは、水産政策審議会の意見を聴かなければならない。

４　第一項の規則は、都道府県知事が漁業調整のため漁業者又はその使用する船舶等について制限措置を講ずる必要があると認める漁業について定めるものとする。

５　都道府県知事は、第一項の規則を制定し、又は改廃しようとするときは、関係海区漁業調整委員会の意見を聴かなければならない。

6　都道府県知事は、第一項の規則を制定し、又は改廃しようとするときは、農林水産大臣の認可を受けなければならない。

7　農林水産大臣は、第一項の農林水産省令で定める漁業について、都道府県の区域を超えた広域的な見地から、次に掲げる事項を定めることができる。

一　当該漁業について都道府県知事が許可をすることができる船舶等の数

二　農林水産大臣があらかじめ指定した水域において都道府県知事が許可をすることができる船舶等の数

三　その他農林水産省令で定める事項

8　農林水産大臣は、前項の事項を定めようとするときは、関係都道府県知事の意見を聴かなければならない。

9　都道府県知事は、第七項の規定により定められた事項に違反して第一項の許可をしてはならない。

◆註解

改正前の知事許可漁業は、旧第六十五条の一般知事許可漁業と旧第六十六条の法定知事許可漁業という二区分に分かれていましたが、改正後は一本化され、新設された第五十七条が適用されます。

(2) 大臣許可漁業に関する規定の準用

◆条文

【新第五十八条（知事許可漁業の許可への準用）】

第三十七条から第四十条まで、第四十一条第一項（第六号を除く。）及び第二項、第四十二条（第二項ただし書及び第三項ただし書を除く。）、第四十三条、第四十四条、第四十五条（第二号及び第三号に係る部分に限る。）、第四十六条、第四十七条、第四十九条から第五十二条まで、第五十四条並びに第五十六条の規定は、前条第一項の農林水産省令又は規則で定める漁業（以下「知事許可漁業」という。）の許可について準用する。この場合において、これらの規定中「農林水産大臣」とあるのは「都道府県知事」と、第三十七条中「同項」とあるのは「第五十七条第一項」と、第三十八条中「船舶」とあるのは「船舶等」と、「建造」とあるのは「建造又は製造」と、第四十一条第一項第五号中「船舶」とあるのは「船舶等」と、同条第二項中「水産政策審議会」とあるのは「関係海区漁業調整委員会」と、第四十二条第一項中「船舶の数」とあるのは「船舶等の数」と、「農林水産省令」とあるのは「規則」と、同条第二項本文中「三月を下ることができない」とあるのは「漁業の種類ごとに規則で定める期間とする」と、同条第三項本文中「水産政策審議会」とあるのは「関係海区漁業調整委員会」と、同条第五項中「船舶」とあるのは「船舶等」と、「申請者の生産性を勘案して」とあるのは「当該知事許可漁業の状況を勘案して、関係海区漁業調整委員会の意見を聴いた上で、許可の基準を定め、これに従つて」と、第四十三条中「船舶の数」とあるのは「船舶等の数」と、「船舶の規模」とあるのは「船舶等の規模」と、第四十六条第一項中「農林水産省令」とあるのは「規則」と、同条第二項中「水産政策審議会」とあるのは「関係海区漁業調整委員会」と、第四十七条及び第五十一条第一項中「農林水産省令」とあるのは「規則」と、第五十二条第一項中「、農林水産省令」とあるのは「、規則」と、「その他の農林水産省令」とあるのは「その他の農林水産省令又は規則」と、同条第二項中「農林水産省令」とあるのは「農林水産省令又は規則」と、第五十四条第二項中「次の各号のいずれかに該当することとなつた」とあるのは「漁業に関する法令の規定に違反した」と、第五十六条中「農林水産省令」とあるのは「規則」と読み替えるものとするほか、必要な技術的読替えは、政令で定める。

◆**註解**

改正後は新設の第五十八条により、知事許可漁業について大臣許可漁業に関する所要の規定が準用されます。尚、新第四十五条（継続の許可又は起業の認可等）【本書九六頁参照】は、第二号及び第三号のみ準用されます。これらの準用規定は、本書では通則として扱っています【本書七〇頁参照】。

第五部　養殖・沿岸漁業

第一節　都道府県の水産行政

(1) 総則

◆条文

【新第六十一条（都道府県による水面の総合的な利用の推進等）】

都道府県は、その管轄に属する水面における漁業生産力を発展させるため、水面の総合的な利用を推進するとともに、水産動植物の生育環境の保全及び改善に努めなければならない。

◆註解

今回の改正により、養殖・沿岸漁業の発展に資する海面利用制度の見直しという観点から、削除された旧第六十一条に代わって、第六十一条が新たに設けられました。これは文字通り新設です。

尚、都道府県の管轄に関する特例は、改正後の第百八十三条【本書二六四頁参照】で定められています。

（２）漁場計画

①改正前の漁場計画

◆条文

【旧第十一条（免許の内容等の事前決定）】

1　都道府県知事は、その管轄に属する水面につき、漁業上の総合利用を図り、漁業生産力を維持発展させるためには漁業権の内容たる漁業の免許をする必要があり、かつ、当該漁業の免許をしても漁業調整その他公益に支障を及ぼさないと認めるときは、当該漁業の免許について、海区漁業調整委員会の意見をきき、漁業種類、漁場の位置及び区域、漁業時期その他免許の内容たるべき事項、免許予定日、申請期間並びに定置漁業及び区画漁業についてはその地元地区（自然的及び社会経済的条件により当該漁業の漁場が属すると認められる地区をいう。）、共同漁業についてはその関係地区を定めなければならない。

2　都道府県知事は、海区漁業調整委員会の意見をきいて、前項の規定により定めた免許の内容たるべき事項、免許予定日、申請期間又は地元地区若しくは関係地区を変更することができる。

3　海区漁業調整委員会は、都道府県知事に対し、第一項の規定により免許の内容たるべき事項、免許予定日、申請期間及び地元地区又は関係地区を定めるべき旨の意見を述べることができる。

4　海区漁業調整委員会は、前三項の意見を述べようとするときは、あらかじめ、期日及び場所を公示して公聴会を開き、利害関係人の意見をきかなければならない。

5　第一項又は第二項の規定により免許の内容たるべき事項、免許予定日、申請期間及び地元地区若しくは関係地区を定め、又はこれを変更したときは、都道府県知事は、これを公示しなければならない。

6　農林水産大臣は、都道府県の区域を超えた広域的な見地から、水産動植物の繁殖保護を図り、漁業権又は入漁権の行使を適切にし、漁場の使用に関する紛争の防止又は解決を図り、その他漁業調整のために特に必要があると認めるときは、都道府県知事に対し、第一項又は第二項の規定により免許の内容たるべき事項、免許予定日、申請期間及び地元地区若しくは関係地区を定め、又はこれを変更すべきことを指示することができる。

◆註解

今回の漁業法改正前に「漁場計画」という用語が法律用語として最初に用いられたのは、平成十三年の改正【本書一五頁参照】に伴い、平成十四年八月六日に発せられた水産庁長官の「漁場計画の樹立について」（十四水管第一七四五号）と題する通知です。この通知の冒頭で、「漁業法（昭和二十四年法律第二百六十七号。以下「法」という。）第十一条の規定に基づきあらかじめ行うこととされている漁場計画の樹立」と記載されているように、根拠条文は漁業法の第十一条（免許の内容等の事前決定）ですが、今回の改正により同条は削除されました。

②改正後の漁場計画

今回の改正により、新設された「第四章　漁業権及び沿岸漁場管理」の中に、「第二節　海区漁場計画及び内水面漁場計画」（第六十二条乃至第六十七条）が設けられています。漁場計画は海区と内水面という二区分に応じて、それぞれ海区漁場計画と内水面漁場計画と名付けられています。

A．海区漁場計画

◆条文

【新第六十条（定義）第八項及び第九項】

8　この章において「保全活動」とは、水産動植物の生育環境の保全又は改善その他沿岸漁場の保全のための活動であつて農林水産省令で定めるものをいう。

9　この章において「保全沿岸漁場」とは、漁業生産力の発展を図るため保全活動の円滑かつ計画的な実施を確保する必要がある沿岸漁場として都道府県知事が定めるものをいう。

【新第六十二条（海区漁場計画）】

1　都道府県知事は、その管轄に属する海面について、五年ごとに、海区漁場計画を定めるものとする。ただし、管轄に属する海面を有しない都道府県知事にあつては、この限りでない。

2　海区漁場計画においては、海区（第百三十六条第一項に規定する海区をいう。以下この款において同じ。）ごとに、次に掲げる事項を定めるものとする。

一　当該海区に設定する漁業権について、次に掲げる事項

イ　漁場の位置及び区域

ロ　漁業の種類

ハ　漁業時期

ニ　存続期間（第七十五条第一項の期間より短い期間を定める場合に限る。）

ホ　区画漁業権については、個別漁業権（団体漁業権以外の漁業権をいう。次節において同じ。）又は団体漁業権の別

へ　団体漁業権については、その関係地区（自然的及び社会経済的条件により漁業権に係る漁場が属すると認められる地区をいう。第七十二条及び第百六条第四項において同じ。）

ト　イからヘまでに掲げるもののほか、漁業権の設定に関し必要な事項

二　当該海区に設定する保全沿岸漁場について、次に掲げる事項

イ　漁場の位置及び区域

ロ　保全活動の種類

ハ　イ及びロに掲げるもののほか、保全沿岸漁場の設定に関し必要な事項

【新第六十三条（海区漁場計画の要件等）】

1　海区漁場計画は、次に掲げる要件に該当するものでなければならない。

一　それぞれの漁業権が、海区に係る海面の総合的な利用を推進するとともに、漁業調整その他公益に支障を及ぼさないように設定されていること。

二　海区漁場計画の作成の時において適切かつ有効に活用されている漁業権（次号において「活用漁業権」という。）があるときは、前条第二項第一号イからハまでに掲げる事項が当該漁業権とおおむね等しいと認められる漁業権（次号において「類似漁業権」という。）が設定されていること。

三　前号の場合において活用漁業権が団体漁業権であるときは、類似漁業権が団体漁業権として設定されていること。

四　前号の場合のほか、漁場の活用の現況及び次条第二項の検討の結果に照らし、団体漁業権として区画漁業権を設定することが、当該区画漁業権に係る漁場における漁業生産力の発展に最も資すると認められる場合には、団体漁業権として区画漁業権が設定されていること。

五　前条第二項第一号ニについて、第七十五条第一項の期間より短い期間を定めるに当たつては、漁業調整のため必要な範囲内であること。

六　それぞれの保全沿岸漁場が、海区に設定される漁業権の内容たる漁業に係る漁場の使用と調和しつつ、水産動植物の生育環境の保全及び改善が適切に実施されるように設定されていること。

2　都道府県知事は、海区漁場計画の作成に当たつては、海区に係る海面全体を最大限に活用するため、漁業権が存しない海面をその漁場の区域とする新たな漁業権を設定するよう努めるものとする。

【新第六十四条（海区漁場計画の作成の手続）】

1　都道府県知事は、海区漁場計画の案を作成しようとするときは、農林水産省令で定めるところにより、当該海区において漁業を営む者、漁業を営もうとする者その他の利害関係人の意見を聴かなければならない。

2　都道府県知事は、前項の規定により聴いた意見について検討を加え、その結果を公表しなければならない。

3　都道府県知事は、前項の検討の結果を踏まえて海区漁場計画の案を作成しなければならない。

4　都道府県知事は、海区漁場計画の案を作成したときは、海区漁業調整委員会の意見を聴かなければならない。

5　海区漁業調整委員会は、前項の意見を述べようとするときは、あらかじめ、期日及び場所を公示して公聴会を開き、農林水産省令で定めるところにより、当該海区において漁業を営む者、漁業を営もうとする者その他の利害関係人の意見を聴かなければならない。

6　都道府県知事は、海区漁場計画を作成したときは、当該海区漁場計画の内容その他農林水産省令で定める事項を公表するとともに、漁業の免許予定日及び第百九条の沿岸漁場管理団体の指定予定日並びにこれらの申請期間を公示しなければならない。

7　前項の免許予定日及び指定予定日は、同項の規定による公示の日から起算して三月を経過した日以後の日としなければならない。

8　前各項の規定は、海区漁場計画の変更について準用する。

【新第六十五条（農林水産大臣の助言）】

農林水産大臣は、前条第二項の検討の結果を踏まえて、都道府県の区域を超えた広域的な見地から、我が国の漁業生産力の発展を図るために必要があると認めるときは、都道府県知事に対し、海区漁場計画の案を修正すべき旨の助言その他海区漁場計画に関して必要な助言をすることができる。

【新第六十六条（農林水産大臣の指示）】

農林水産大臣は、次の各号のいずれかに該当するときは、都道府県知事に対し、海区漁場計画を変更すべき旨の指示その他海区漁場計画に関して必要な指示をすることができる。

一　前条の規定により助言をした事項について、我が国の漁業生産力の発展を図るため特に必要があると認めるとき。

二　都道府県の区域を超えた広域的な見地から、漁業調整のため特に必要があると認めるとき。

◆**注解**

今回の改正による海区漁場計画に関する変更について、農林中金総合研究所の田口さつき主任研究員が執筆した「漁業法の変更と都道府県の水産行政」（『農林金融』第七十二巻第十号［二〇一九年十月］四〇ページ以下）と題する報告書では、「1　資源管理における都道府県の役割」「（2）新規参入促進を目指す沿岸漁場」という見出しの下に、次のように記載されています。

知事は漁業権の免許を行うに先立って、漁場計画案を作成する（第六十二条　現行法第十一条を大幅に変更、第六十四条 新設)。新法では漁場計画案で知事が個別漁業権と団体漁業権の別を示すこととなった。

…(中略)…

これまで、漁場計画を策定する際の養殖業者やその他漁船漁業者等との漁場利用上の利害調整は、漁協の総会、部会または関係業者会等において同意が得られたもののみ、漁協が知事に漁場計画の樹立要望を行ってきた。

しかし、新法では、各方面からの要望を踏まえつつ知事が漁場計画案を作成する。この際、農林水産省令で定めるところにより、利害関係者の意見を聴く義務が知事に課せられる(第六十四条)とともに、主体的に利害関係者間の調整を行わねばならなくなった。

さらに知事は、漁場計画の作成に当たっては、海区にかかる海面全体を最大限に活用するため、漁業権が存しない海面をその漁場の区域とする新たな漁業権を設定するよう努めるものとすることが新たに義務づけられた(第六十三条第二項 新設)。

漁業の免許にかかる事務は、都道府県知事の自治事務である。しかし、新法では農水大臣が都道府県の区域を超えた広域的な見地から、我が国の漁業生産力の発展を図るために必要があると認めるときは、知事に対し、漁場計画の案を修正すべき旨の助言その他漁場計画に関して必要な助言をすることが可能となった(第六十五条 新設)。さらに、農水大臣は第六十五条で助言したことで特に必要があるときと、都道府県の区域を超えた広域的な見地から、漁業調整のため特に必要があると認めるときに漁場計画を変更すべきと指示を出すことが可能になった(第六十六条 新設)。

(https://www.nochuri.co.jp/kanko/pdf/nrk1910.pdf)

B．内水面漁場計画

◆条文

【新第六十七条】

1　都道府県知事は、その管轄する内水面について、五年ごとに、内水面漁場計画を定めるものとする。

2　第六十二条第二項（第一号に係る部分に限る。）、第六十三条第一項（第六号を除く。）及び第二項並びに第六十四条から前条までの規定は、内水面漁場計画について準用する。この場合において、第六十二条第二項中「海区（第百三十六条第一項に規定する海区をいう。以下この款において同じ。）ごとに、次に」とあるのは「次に」と、第六十四条第六項中「免許予定日及び第百九条の沿岸漁場管理団体の指定予定日並びにこれらの」とあるのは「免許予定日及び」と、同条第七項中「免許予定日及び指定予定日」とあるのは「免許予定日」と読み替えるものとする。

◆註解

改正前における漁場計画の根拠条文は漁業法の第十一条（免許の内容等の事前決定）でしたが、同条は今回の改正により削除されました【本書一〇七頁参照】。改正後は、海区漁場計画については第六十二条が、又内水面漁場計画については第六十七条が、新たに設けられました。同条第二項により、内水面に馴染まない条項を除き、海区に関する規定が準用されています。

第二節　漁業権

(1) 企業への漁業権解放

改正前の漁業法では、「磯は地付き、沖は入会」という江戸時代に築かれた慣行が引き継がれていましたが、改正後は沿岸水域の利用を企業に開放するために、地元漁協に漁業権を優先付与する規定が廃止されることになりました。具体的には、「第二章 漁業権及び入漁権」（第六条乃至第五十一条）は削除され、新たに「第四章 漁業権及び沿岸漁場管理」（第六十条乃至第百十八条）が設けられました。

(2) 漁業権の種類

◆条文

【旧第六条（漁業権の定義）】

1　この法律において「漁業権」とは、定置漁業権、区画漁業権及び共同漁業権をいう。

2　「定置漁業権」とは、定置漁業を営む権利をいい、「区画漁業権」とは、区画漁業を営む権利をいい、「共同漁業権」とは、共同漁業を営む権利をいう。

3　「定置漁業」とは、漁具を定置して営む漁業であつて次に掲げるものをいう。

一　身網の設置される場所の最深部が最高潮時において水深二十七メートル（沖縄県にあつては、十五メートル）以上であるもの（瀬戸内海（第百十条第二項に規定する瀬戸内海をいう。）におけるます網漁業並びに陸奥湾（青森県焼山崎から同県明神崎灯台に至る直線及び陸岸によつて囲まれた海面をいう。）における落とし網漁業及びます網漁業を除く。）

二　北海道においてさけを主たる漁獲物とするもの

4　「区画漁業」とは、次に掲げる漁業をいう。

一　第一種区画漁業　一定の区域内において石、かわら、竹、木等を敷設して営む養殖業

二　第二種区画漁業　土、石、竹、木等によつて囲まれた一定の区域内において営む養殖業

三　第三種区画漁業　一定の区域内において営む養殖業であつて前二号に掲げるもの以外のもの

5　「共同漁業」とは、次に掲げる漁業であつて一定の水面を共同に利用して営むものをいう。

一　第一種共同漁業　藻類、貝類又は農林水産大臣の指定する定着性の水産動物を目的とする漁業

二　第二種共同漁業　網漁具（えりやな類を含む。）を移動しないように敷設して営む漁業であつて定置漁業及び第五号に掲げるもの以外のもの

三　第三種共同漁業　地びき網漁業、地こぎ網漁業、船びき網漁業（動力漁船を使用するものを除く。）、飼付漁業又はつきいそ漁業（第一号に掲げるものを除く。）であつて、第五号に掲げるもの以外のもの

四　第四種共同漁業　寄魚漁業又は鳥付こぎ釣漁業であつて、次号に掲げるもの以外のもの

五　第五種共同漁業　内水面（農林水産大臣の指定する湖沼を除く。）又は農林水産大臣の指定する湖沼に準ずる海面において営む漁業であつて第一号に掲げるもの以外のもの

【旧第二条（定義）第三項】

この法律において「動力漁船」とは、推進機関を備える船舶であって次の各号のいずれかに該当するもの

をいう。
一　専ら漁業に従事する船舶
二　漁業に従事する船舶であつて漁獲物の保蔵又は製造の設備を有するもの
三　専ら漁場から漁獲物又はその製品を運搬する船舶
四　専ら漁業に関する試験、調査、指導若しくは練習に従事する船舶又は漁業の取締りに従事する船舶であつて漁ろう設備を有するもの

【新第六十条（定義）第一項乃至第六項】
1　この章において「漁業権」とは、定置漁業権、区画漁業権及び共同漁業権をいう。
2　この章において「定置漁業権」とは、定置漁業を営む権利をいい、「区画漁業権」とは、区画漁業を営む権利をいい、「共同漁業権」とは、共同漁業を営む権利をいう。
3　この章において「定置漁業」とは、漁具を定置して営む漁業であつて次に掲げるものをいう。
一　身網の設置される場所の最深部が最高潮時において水深二十七メートル（沖縄県にあつては、十五メートル）以上であるもの（瀬戸内海（第百五十二条第二項に規定する瀬戸内海をいう。）におけるます網漁業並びに陸奥湾（陸奥湾の海面として農林水産大臣の指定するものをいう。）における落とし網漁業及びます網漁業を除く。）
二　北海道においてさけを主たる漁獲物とするもの
4　この章において「区画漁業」とは、次に掲げる漁業をいう。
一　第一種区画漁業　一定の区域内において石、瓦、竹、木その他の物を敷設して営む養殖業
二　第二種区画漁業　土、石、竹、木その他の物によつて囲まれた一定の区域内において営む養殖業

三　第三種区画漁業　一定の区域内において営む養殖業であつて前二号に掲げるもの以外のもの

5　この章において「共同漁業」とは、次に掲げる漁業であつて一定の水面を共同に利用して営むものをいう。

一　第一種共同漁業　藻類、貝類又は農林水産大臣の指定する定着性の水産動物を目的とする漁業

二　第二種共同漁業　海面（海面に準ずる湖沼として農林水産大臣が定めて告示する水面を含む。以下同じ。）のうち農林水産大臣が定めて告示する湖沼に準ずる海面以外の水面（次号及び第四号において「特定海面」という。）において網漁具（えりやな類を含む。）を移動しないように敷設して営む漁業であつて定置漁業以外のもの

三　第三種共同漁業　特定海面において営む地びき網漁業、地こぎ網漁業、船びき網漁業（動力漁船を使用するものを除く。）、飼付漁業又はつきいそ漁業（第一号に掲げるものを除く。）

四　第四種共同漁業　特定海面において営む寄魚漁業又は鳥付こぎ釣漁業

五　第五種共同漁業　内水面（海面以外の水面をいう。以下同じ。）又は第二号の湖沼に準ずる海面において営む漁業であつて第一号に掲げるもの以外のもの

6　この章において「動力漁船」とは、推進機関を備える船舶であつて次の各号のいずれかに該当するものをいう。

一　専ら漁業に従事する船舶

二　漁業に従事する船舶であつて漁獲物の保蔵又は製造の設備を有するもの

三　専ら漁場から漁獲物又はその製品を運搬する船舶

四　専ら漁業に関する試験、調査、指導若しくは練習に従事する船舶又は漁業の取締りに従事する船舶であつて漁ろう設備を有するもの

【第七項は本書一六六頁、第八項及び第九項は一〇九頁参照】

◆註解

（ａ）漁業権

漁業権という用語は、改正前は第六条（漁業権の定義）第一項により、改正後は第六十条（定義）第一項により、いずれも「定置漁業権、区画漁業権及び共同漁業権をいう」と定義付けられています。これら三種類の漁業権は、改正前は第六条第二項により、改正後は第六十条第二項により、次表のように定義付けられています。

漁業権の種類	
定置漁業権	定置漁業を営む権利
区画漁業権	区画漁業を営む権利
共同漁業権	共同漁業を営む権利

このように、漁業権は定置漁業と区画漁業と共同漁業を営む権利を指すものであり、水産庁ホームページの「漁業権について」題するＷｅｂページで「２ 漁業権」という見出しの下に記載されているように、「古くから、地先水面においては、漁村集落によりアワビ、サザエ、藻類等の独占的な利用が行われるという漁業秩序が形成されており、漁業権はこれを引き継いだもの」であって、漁業法では「一定の水面において特定の漁業を一定の期間排他的に営む権利」とされています。

(https://www.jfa.maff.go.jp/j/enoki/gyogyouken_jouhou3.html)

（ｂ）漁業の種類

漁業権には定置漁業権と区画漁業権と共同漁業権の三種類があり、それぞれに対応して、漁業も「定置漁業」と「区画漁業」と「共同漁業」の三種類に区分されています。改正前は第六条第三項乃至第五項により、改正後は第六十条第三項乃至第五項により、それぞれ定義付けられており、条文の一部が改められただけで、実質的には変更がありません。

改正後の漁業の種類を一覧表にすると、次表のようになります。

定置	漁具を定置して営む漁業	身網の設置される場所の最深部が最高潮時において水深二十七メートル（沖縄県にあっては、十五メートル）以上であるもの（瀬戸内海（第百五十二条第二項に規定する瀬戸内海をいう）におけるます網漁業並びに陸奥湾（陸奥湾の海面として農林水産大臣の指定するものをいう）における落とし網漁業及びます網漁業を除く）
		北海道においてさけを主たる漁獲物とするもの
共同	第一種区画漁業	一定の区域内において石、瓦、竹、木その他の物を敷設して営む養殖業
	第二種区画漁業	土、石、竹、木その他の物によって囲まれた一定の区域内において営む養殖業
	第三種区画漁業	一定の区域内において営む養殖業であって前二号に掲げるもの以外のもの
区画	第一種区画漁業	藻類、貝類又は農林水産大臣の指定する定着性の水産動物を目的とする漁業
	第二種区画漁業	海面（海面に準ずる湖沼として農林水産大臣が定めて告示する水面を含む。以下同じ）のうち農林水産大臣が定めて告示する湖沼に準ずる海面以外の水面（次号及び第四号において「特定海面」という）において網漁具（えりやな類を含む）を移動しないように敷設して営む漁業であって定置漁業以外のもの
	第三種区画漁業	特定海面において営む地びき網漁業、地こぎ網漁業、船びき網漁業（動力漁船を使用するものを除く）、飼付漁業又はつきいそ漁業（第一号に掲げるものを除く）
	第四種区画漁業	特定海面において営む寄魚漁業又は鳥付こぎ釣漁業
	第五種区画漁業	内水面（海面以外の水面をいう。以下同じ）又は第二号の湖沼に準ずる海面において営む漁業であって第一号に掲げるもの以外のもの

（３）免許制度

①漁業権の排他性

◆条文

【旧第九条（漁業権に基かない定置漁業等の禁止）】

定置漁業及び区画漁業は、漁業権又は入漁権に基くのでなければ、営んではならない。

【新第六十八条（漁業権に基づかない定置漁業等の禁止）】

定置漁業及び区画漁業は、漁業権又は入漁権に基づくものでなければ、営んではならない。

◆注解

改正後の第六十八条（漁業権に基づかない定置漁業等の禁止）は、削除された旧第九条の文言を一部改めたもので、実質的には変更がありません。

尚、水産庁ホームページの「漁業権について」と題するＷｅｂページでは、「２ 漁業権」という見出しの下に、「漁業法では、漁業権は『一定の水面において特定の漁業を一定の期間排他的に営む権利』とされています」と記載されています。

(http://www.jfa.maff.go.jp/j/enoki/gyogyouken_jouhou3.html)

②免許制

◆条文

【旧第十条（漁業の免許）】

漁業権の設定を受けようとする者は、都道府県知事に申請してその免許を受けなければならない。

【新第六十九条（漁業の免許）】

1　漁業権の内容たる漁業の免許を受けようとする者は、農林水産省令で定めるところにより、都道府県知事に申請しなければならない。

2　前項の免許を受けた者は、当該漁業権を取得する。

◆註解

今回の漁業法改正後も、漁業権が都道府県知事の免許により付与される制度は存続しますが、都道府県によって判断の基準が大きく異なることがないようにする観点から、第六十九条第一項で「農林水産省令で定めるところにより」という文言が追加されました。また免許と漁業権の関係が、第二項で明文化されました。

③海区漁業調整委員会への諮問

◆条文

【旧第十一条（免許の内容等の事前決定）第一項乃至第四項】

1　都道府県知事は、その管轄に属する水面につき、漁業上の総合利用を図り、漁業生産力を維持発展させるためには漁業権の内容たる漁業の免許をする必要があり、かつ、当該漁業の免許をしても漁業調整その他公益に支障を及ぼさないと認めるときは、当該漁業の免許について、海区漁業調整委員会の意見をきき、漁業種類、漁場の位置及び区域、漁業時期その他免許の内容たるべき事項、免許予定日、申請期間並びに定置漁業及び区画漁業についてはその地元地区（自然的及び社会経済的条件により当該漁業の漁場が属すると認められる地区をいう。）、共同漁業についてはその関係地区を定めなければならない。

２　都道府県知事は、海区漁業調整委員会の意見をきいて、前項の規定により定めた免許の内容たるべき事項、免許予定日、申請期間又は地元地区若しくは関係地区を変更することができる。

３　海区漁業調整委員会は、都道府県知事に対し、第一項の規定により免許の内容たるべき事項、免許予定日、申請期間及び地元地区又は関係地区を定めるべき旨の意見を述べることができる。

４　海区漁業調整委員会は、前三項の意見を述べようとするときは、あらかじめ、期日及び場所を公示して公聴会を開き、利害関係人の意見をきかなければならない。

【新第七十条（海区漁業調整委員会への諮問）】

前条第一項の申請があつたときは、都道府県知事は、海区漁業調整委員会の意見を聴かなければならない。

◆**注解**

改正前の海区漁業調整委員会は、漁業権の免許だけでなく、漁場計画の樹立についても、諮問と建議の両機能を持ち、広範な役割を果たして来ましたが、改正後は都道府県知事の諮問機関として位置付けられ、建議による行政権への介入が排除されます。

④欠格事由等

◆条文

【旧第十三条（免許をしない場合）】

1　左の各号の一に該当する場合は、都道府県知事は、漁業の免許をしてはならない。

一　申請者が第十四条に規定する適格性を有する者でない場合

二　第十一条第五項の規定により公示した漁業の免許の内容と異なる申請があつた場合

三　その申請に係る漁業と同種の漁業を内容とする漁業権の不当な集中に至る虞がある場合

四　免許を受けようとする漁場の敷地が他人の所有に属する場合又は水面が他人の占有に係る場合において、その所有者又は占有者の同意がないとき

2　前項第四号の場合においてその者の住所又は居所が明らかでないため同意が得られないときは、最高裁判所の定める手続により、裁判所の許可をもつてその者の同意に代えることができる。

3　前項の許可に対する裁判に関しては、最高裁判所の定める手続により、上訴することができる。

4　第一項第四号の所有者又は占有者は、正当な事由がなければ、同意を拒むことができない。

5　海区漁業調整委員会は、都道府県知事に対し、第一項の規定により漁業の免許をすべきでない旨の意見を述べようとするときは、あらかじめ、当該申請者に同項各号の一に該当する理由を文書をもつて通知し、公開による意見の聴取を行わなければならない。

6　前項の意見の聴取に際しては、当該申請者又はその代理人は、当該事案について弁明し、かつ、証拠を提出することができる。

【新第七十一条（免許をしない場合）】

1　次の各号のいずれかに該当する場合は、都道府県知事は、漁業の免許をしてはならない。

一　申請者が次条に規定する適格性を有する者でないとき。

二　海区漁場計画又は内水面漁場計画の内容と異なる申請があつたとき。

三　その申請に係る漁業と同種の漁業を内容とする漁業権の不当な集中に至るおそれがあるとき。

四　免許を受けようとする漁場の敷地が他人の所有に属する場合又は水面が他人の占有に係る場合において、その所有者又は占有者の同意がないとき。

2　前項第四号の場合において同号の所有者又は占有者の住所又は居所が明らかでないため同意が得られないときは、最高裁判所の定める手続により、裁判所の許可をもつてその者の同意に代えることができる。

3　前項の許可に対する裁判に関しては、最高裁判所の定める手続により、上訴することができる。

4　第一項第四号の所有者又は占有者は、正当な事由がなければ、同意を拒むことができない。

5　海区漁業調整委員会は、都道府県知事に対し、当該申請が第一項各号のいずれかに該当する旨の意見を述べようとするときは、あらかじめ、当該申請者に同項各号のいずれかに該当する理由を文書をもつて通知し、公開による意見の聴取を行わなければならない。

6　前項の意見の聴取に際しては、当該申請者又はその代理人は、当該事案について弁明し、かつ、証拠を提出することができる。

◆**註解**

改正前の第十三条は削除され、改正後は第七十一条が新たに設けられましたが、実質的には引き継がれています。尚、免許の申請時には第七十一条第一項第一号の適格性を有していたけれども、取得後に適格性を喪失した場合は、第九十二条（適格性の喪失等による漁業権の取消し等）第一項により取り消されます【本書一五九頁参照】。

⑤免許の適格性

◆条文

【旧第十四条（免許についての適格性）】

1　定置漁業又は区画漁業の免許について適格性を有する者は、次の各号のいずれにも該当しない者とする。

一　海区漁業調整委員会における投票の結果、総委員の三分の二以上によつて漁業若しくは労働に関する法令を遵守する精神を著しく欠き、又は漁村の民主化を阻害すると認められた者であること。

二　海区漁業調整委員会における投票の結果、総委員の三分の二以上によつて、どんな名目によるのであつても、前号の規定により適格性を有しない者によつて、実質上その申請に係る漁業の経営が支配されるおそれがあると認められた者であること。

2　特定区画漁業権の内容たる区画漁業の免許については、第十一条に規定する地元地区（以下単に「地元地区」という。）の全部又は一部をその地区内に含む漁業協同組合又はその漁業協同組合を会員とする漁業協同組合連合会であつて当該特定区画漁業権の内容たる漁業を営まないものは、前項の規定にかかわらず、次に掲げるものに限り、適格性を有する。ただし、水産業協同組合法第十八条第四項の規定により組合員たる資格を有する者を特定の種類の漁業を営む者に限る漁業協同組合及びその漁業協同組合を会員とする漁業協同組合連合会は、適格性を有しない。

一　その組合員のうち地元地区内に住所を有し当該漁業を営む者の属する世帯の数が、地元地区内に住所を

有し当該漁業を営む者の属する世帯の数の三分の二以上であるもの

二　二以上共同して申請した場合において、これらの組合員のうち地元地区内に住所を有し当該漁業を営む者の属する世帯の総数が、地元地区内に住所を有し当該漁業を営む者の属する世帯の数の三分の二以上であるもの

３　前項の地元地区内に住所を有し当該漁業を営む者を組合員とする漁業協同組合又は漁業協同組合連合会が同項の規定により適格性を有する漁業協同組合又は漁業協同組合連合会に対して同項に規定する漁業の免許を共同して申請することを申し出た場合には、その漁業協同組合又は漁業協同組合連合会は、正当な事由がなければ、これを拒むことができない。

４　第二項の規定により適格性を有する漁業協同組合又は漁業協同組合連合会が同項に規定する漁業の免許を受けた場合には、その免許の際に同項の地元地区内に住所を有し当該漁業を営む者であつた者を組合員とする漁業協同組合又は漁業協同組合連合会は、都道府県知事の認可を受けて、その漁業協同組合又は漁業協同組合連合会に対し当該漁業権を共有すべきことを請求することができる。この場合には、第二十六条第一項の規定は、適用しない。

５　前項の認可の申請があつたときは、都道府県知事は、海区漁業調整委員会の意見を聴かなければならない。

６　第十一条第五項の規定により公示された特定区画漁業権の内容たる区画漁業に係る漁場の区域の全部が当該公示の日（当該区画漁業に係る漁場の区域について同項の規定による変更の公示がされた場合には、当該公示の日）以前一年間に当該区画漁業を内容とする特定区画漁業権の存しなかつた水面である場合における当該特定区画漁業権の内容たる区画漁業の免許については、地元地区の全部又は一部をその地区内に含む漁業協同組合又はその漁業協同組合を会員とする漁業協同組合連合会であつて当該特定区画漁業権の内容たる

漁業を営まないものは、第一項及び第二項の規定にかかわらず、次に掲げるものに限り、適格性を有する。

一　その組合員のうち地元地区内に住所を有し一年に九十日以上沿岸漁業を営む者（河川以外の内水面における当該漁業の免許については当該内水面において一年に三十日以上漁業を営む者、河川における当該漁業の免許については当該河川において一年に三十日以上水産動植物の採捕又は養殖をする者。以下同じ。）の属する世帯の数が、地元地区内に住所を有し一年に九十日以上沿岸漁業を営む者の属する世帯の数の三分の二以上であるもの

二　二以上共同して申請した場合において、これらの組合員のうち地元地区内に住所を有し一年に九十日以上沿岸漁業を営む者の属する世帯の総数が、地元地区内に住所を有し一年に九十日以上沿岸漁業を営む者の属する世帯の数の三分の二以上であるもの

7　第二項ただし書及び第三項から第五項までの規定は、前項の区画漁業の免許について準用する。この場合において、第三項及び第四項中「当該漁業を営む者」とあるのは、「一年に九十日以上沿岸漁業を営む者」と読み替えるものとする。

8　共同漁業の免許について適格性を有する者は、第十一条に規定する関係地区（以下単に「関係地区」という。）の全部又は一部をその地区内に含む漁業協同組合又はその漁業協同組合を会員とする漁業協同組合連合会（第二項ただし書に規定する漁業協同組合又は漁業協同組合連合会を除く。）であつて次に掲げるものとする。

一　その組合員のうち関係地区内に住所を有し一年に九十日以上沿岸漁業を営む者の属する世帯の数が、関係地区内に住所を有し一年に九十日以上沿岸漁業を営む者の属する世帯の数の三分の二以上であるもの

二　二以上共同して申請した場合において、これらの組合員のうち関係地区内に住所を有し一年に九十日以

上沿岸漁業を営む者の属する世帯の総数が、関係地区内に住所を有し一年に九十日以上沿岸漁業を営む者の属する世帯の数の三分の二以上であるもの

9　第二項各号、第六項各号又は前項各号の規定により世帯の数を計算する場合において、当該漁業を営む者が法人であるときは、当該法人（株式会社にあつては、公開会社（会社法（平成十七年法律第八十六号）第二条第五号に規定する公開会社をいう。以下同じ。）でないものに限る。以下この項において同じ。）の組合員、社員若しくは株主又は当該法人の組合員、社員若しくは株主である法人の組合員、社員若しくは株主のうち当該漁業の漁業従事者である者の属する世帯の数により計算するものとする。

10　第三項から第五項までの規定は、共同漁業に準用する。この場合において、第三項及び第四項中「地元地区」とあるのは「関係地区」と、「当該漁業を営む者」とあるのは「一年に九十日以上沿岸漁業を営む者」と読み替えるものとする。

11　漁業協同組合又は漁業協同組合連合会が第一種共同漁業又は第五種共同漁業を内容とする共同漁業権を取得した場合においては、海区漁業調整委員会は、その漁業協同組合又は漁業協同組合連合会と関係地区内に住所を有する漁民（漁業者又は漁業従事者たる個人をいう。以下同じ。）であつてその組合員でないものとの関係において当該共同漁業権の行使を適切にするため、第六十七条第一項の規定に従い、必要な指示をするものとする。

【新第七十二条（免許についての適格性）】

1　個別漁業権の内容たる漁業の免許について適格性を有する者は、次の各号のいずれにも該当しない者とする。

一　漁業又は労働に関する法令を遵守せず、かつ、引き続き遵守することが見込まれない者であること。

二　暴力団員等であること。

三　法人であつて、その役員又は政令で定める使用人のうちに前二号のいずれかに該当する者があるものであること。

四　暴力団員等がその事業活動を支配する者であること。

2　団体漁業権の内容たる漁業の免許について適格性を有する者は、当該団体漁業権の関係地区の全部又は一部をその地区内に含む漁業協同組合又は漁業協同組合連合会であつて、次の各号に掲げる団体漁業権の種類に応じ、当該各号に定めるものとする。

一　現に存する区画漁業権の存続期間の満了に際し、漁場の位置及び区域並びに漁業の種類が当該現に存する区画漁業権とおおむね等しいと認められるものとして設定される団体漁業権　その組合員（漁業協同組合連合会の場合には、その会員たる漁業協同組合の組合員）のうち関係地区内に住所を有し当該漁業を営む者の属する世帯の数が、関係地区内に住所を有し当該漁業を営む者の属する世帯の数の三分の二以上であるもの

二　団体漁業権（前号に掲げるものを除く。）　その組合員（漁業協同組合連合会の場合には、その会員たる漁業協同組合の組合員）のうち関係地区内に住所を有し一年に九十日以上沿岸漁業（海面における漁業のうち総トン数二十トン以上の動力漁船を使用して行う漁業以外の漁業をいう。以下この条及び第百六条第四項において同じ。）を営む者（河川以外の内水面における漁業を内容とする漁業権にあつては当該内水面において一年に三十日以上漁業を営む者、河川における漁業を内容とする漁業権にあつては当該河川において一年に三十日以上水産動植物の採捕又は養殖をする者。以下この号及び第五項において同じ。）の属する世帯の数が、関係地区内に住所を有し一年に九十日以上沿岸漁業を営む者の属する世帯の数の三分の二以上であるもの

３　前項の規定により世帯の数を計算する場合において、当該漁業を営む者が法人であるときは、当該法人（株式会社にあつては、公開会社（会社法（平成十七年法律第八十六号）第二条第五号に規定する公開会社をいう。）でないものに限る。以下この項において同じ。）の組合員、社員若しくは株主又は当該法人の組合員、社員若しくは株主である法人の組合員、社員若しくは株主のうち当該漁業の漁業従事者である者の属する世帯の数により計算するものとする。

４　第二項の規定は、二以上の漁業協同組合又は漁業協同組合連合会が共同してした申請について準用する。この場合において、同項中「その組合員」とあるのは「それらの組合員」と、「その会員」とあるのは「それらの会員」と読み替えるものとする。

５　第二項第一号に掲げる団体漁業権の関係地区内に住所を有し当該団体漁業権の内容たる漁業を営む者を組合員とする漁業協同組合若しくはその漁業協同組合を会員とする漁業協同組合連合会が同号に定める漁業協同組合若しくは漁業協同組合連合会に対して当該漁業の免許を共同して申請することを申し出た場合又は同項第二号に掲げる団体漁業権の関係地区内に住所を有し一年に九十日以上沿岸漁業を営む者を組合員とする漁業協同組合若しくはその漁業協同組合を会員とする漁業協同組合連合会が同号に定める漁業協同組合若しくは漁業協同組合連合会に対して当該漁業の免許を共同して申請することを申し出た場合には、申出を受けた漁業協同組合又は漁業協同組合連合会は、正当な事由がなければ、これを拒むことができない。

６　第二項（第四項において準用する場合を含む。）の規定により適格性を有する漁業協同組合又は漁業協同組合連合会が団体漁業権の内容たる漁業の免許を受けた場合には、その免許の際に当該団体漁業権の関係地区内に住所を有し当該漁業を営む者であつた者を組合員とする漁業協同組合又はその漁業協同組合を会員とする漁業協同組合連合会は、都道府県知事の認可を受けて、当該免許を受けた漁業協同組合又は漁業協同組合連合会に対し当該団体漁業権を共有すべきことを請求することができる。この場合には、第七十九条第一項の規定は、適用しない。

7　前項の認可の申請があつたときは、都道府県知事は、海区漁業調整委員会の意見を聴かなければならない。

8　漁業協同組合又は漁業協同組合連合会が第一種共同漁業又は第五種共同漁業を内容とする共同漁業権を取得した場合においては、海区漁業調整委員会は、当該漁業協同組合又は漁業協同組合連合会と関係地区内に住所を有する漁業者（個人に限る。）又は漁業従事者であつてその組合員（漁業協同組合連合会の場合には、その会員たる漁業協同組合の組合員）でないものとの関係において当該共同漁業権の行使を適切にするため、第百二十条第一項の規定に従い、必要な指示をするものとする。

◆**註解**

改正前の第十四条は削除され、改正後は第七十二条が新たに設けられましたが、実質的には引き継がれています。但し、今回の改正により漁業権が個別漁業権と団体漁業権に二分化されるようになったことに伴い、個別漁業権の適格性は旧第十四条第一項の文言を改めた第七十二条第一項で定められるのに対して、団体漁業権の適格性は同条第二項で新たに定められることになりました。

⑥免許の付与

◆**条文**

【旧第十五条（優先順位）】

漁業の免許は、優先順位によつてする。

【新第七十三条（免許をすべき者の決定）】

1　都道府県知事は、第六十四条第六項の申請期間内に漁業の免許を申請した者に対しては、第七十一条第一項各号のいずれかに該当する場合を除き、免許をしなければならない。

2　前項の場合において、同一の漁業権について免許の申請が複数あるときは、都道府県知事は、次の各号に掲げる場合に応じ、当該各号に定める者に対して免許をするものとする。

一　漁業権の存続期間の満了に際し、漁場の位置及び区域並びに漁業の種類が当該満了する漁業権（以下この号において「満了漁業権」という。）とおおむね等しいと認められるものとして設定される漁業権について当該満了漁業権を有する者による申請がある場合であつて、その者が当該満了漁業権に係る漁場を適切かつ有効に活用していると認められる場合　当該者

二　前号に掲げる場合以外の場合　免許の内容たる漁業による漁業生産の増大並びにこれを通じた漁業所得の向上及び就業機会の確保その他の地域の水産業の発展に最も寄与すると認められる者

◆**註解**

今回の改正により、漁業権の種類ごとに定められていた漁業権免許の優先順位に関する規定が削除され、第七十三条が文字通り新設されました。この点について、水産庁ホームページで掲示されている「漁業法等の一部を改正する等の法律Ｑ＆Ａ」【本書二三頁既出】と題する文書では、「一・総論」という見出しの下に、「(二)そもそも優先順位を廃止する必要があるのですか」という質問に対する回答という形式で、次のように記載されています。

１　優先順位の規定は廃止しますが、これまで漁業権に基づき漁業を行っていた人・漁協の免許を取り

> 上げることはありません。
>
> 2　現行の優先順位は法律で詳細かつ全国一律の要件で免許の順位を定めているため、
>
> ①漁業権の存続期間満了時により順位の高い者が申請してきた場合に、現在の漁業権者が免許を受けられないおそれがある
>
> ②担い手減少や高齢化等で活用されない漁場が広がってきたときに、経験の少ない若者や地区外の者も含めた多様な担い手を確保する必要がある場合にも、地域の実態に即した免許ができない可能性があるといった課題があります。
>
> 3　また、優先順位が形式的な要件となっているため、仮に漁場の利用度が低下している場合にも、それをいかに活用するかといった実質的な取り組み内容が免許の際に考慮されにくいため、漁場の活用を図るインセンティブが働かないといったことも課題となっています。
>
> 4　今回の改正はこうした優先順位制度の抱える課題を踏まえ、漁場利用の実質的な内容に着目して免許する仕組みに改めたものです。

(http://www.jfa.maff.go.jp/j/kikaku/kaikaku/attach/pdf/suisankaikaku-15.pdf)

また同文書では、「二　養殖・沿岸漁業（漁業権）」という見出しの下に、「(1) 優先順位が廃止されると漁協が管理する漁場が企業に渡るのではないですか」という質問に対する回答という形式で、次のように記載されています。

> 1　今回の改正では、漁業権制度の基本的枠組みは維持されています。その上で、

①地元漁民が地先の水面を共同で利用する共同漁業権（刺し網、アワビの採取等）は、現行と同様に漁協のみに付与する（企業には免許されない）

②養殖に係る漁業権は、既存の漁業権者（漁協等）が水域を適切かつ有効に活用している場合には、その者に優先して免許することを法律に規定しています。

2　優先順位の規定は廃止しますが、これまで漁業権に基づき漁業を行っていた人の免許を取り上げることはありません。

3　このように、現に頑張っている漁業者の皆さんが安心して漁場を利用できる仕組みとすることを法律で定めており、一方的に漁業権が取り上げられ、企業に渡されるようなことは考えられない仕組みになっています。

（前同）

ところで、改正により新設された第七十三条（免許をすべき者の決定）は、第六十九条（漁業の免許）が免許を受ける者を主体として構成されているのに対して、免許を付与する都道府県知事が主体として構成されており、両条文を併せて読むと、所定の申請期間内に漁業の免許を申請すれば、欠格事由に該当しない限り、免許を受けることができます。

但し、同一の漁業権について免許の申請が複数あるときは、第七十三条第二項により免許を受ける者が決定されます。

先ず、同条第一号により、既得権者が申請人となり、「漁業権の存続期間の満了に際し、第七十一条第一項各号のいずれかに該当する場合を除き、漁場を適切かつ有効に活用していると認められる場合」は、既得権者に免許が付与されます。

次に、既得権者に免許が付与されない場合は、同条第二号により、「免許の内容たる漁業による漁業生産の増大並びにこれを通じた漁業所得の向上及び就業機会の確保その他の地域の水産業の発展に最も寄与すると認められる者」に免許が付与されます。

このように、既得権者による免許更新は「漁場を適切かつ有効に活用していると認められる」ことが条件付けられています。この点について、「漁業法等の一部を改正する等の法律に関するＱ＆Ａ」【本書一三頁既出】と題する文書では、「二．養殖・沿岸漁業（漁業権）」という見出しの下に、「(二)『適切かつ有効』の基準はどうなりますか」という質問に対する回答という形式で、次のように記載されています。

> 1　「適切かつ有効」に活用している場合とは、漁場の環境に適合するように資源管理や養殖生産を行い、将来にわたって過剰な漁獲を避けつつ、持続的に生産力を高めるように漁場を活用している状況をいいます。
>
> 2　具体的には、
>
> ①　漁場利用や資源管理に係るルールを遵守した操業がされている場合は「適切かつ有効」に該当することとなります。このため、漁協が管理する漁場において、漁協が漁業権行使規則に基づいて組合員が適切な資源管理を行いながら持続的に漁業生産力を高めるように漁業を行っている場合など漁協本来の取組が適切に行われている場合は、「水域を適切かつ有効に利用している場合」に該当します。
>
> ②　一方で、改正漁業法（第九十一条第一項）では、漁業権者が「漁場を適切に利用しないことにより、

> 他の漁業者が営む漁業の生産活動に支障を及ぼし、又は海洋環境の悪化を引き起こしているとき」または「合理的な理由がないにもかかわらず漁場の一部を利用していないとき」は知事による指導・勧告の対象となります。
>
> 　これらの状態にない場合や、仮に指導・勧告を受けても是正された場合には「適切かつ有効」に該当することとなります。（なお、知事が指導・勧告をする場合は、その都度、海区漁業調整委員会の意見を聴くことになっています。）
>
> 3　また、仮に漁場の一部が利用されていない場合でも、
>
> ①漁場の潮通しを良くする目的や輪番で漁場を使用するため利用していない
>
> ②資源管理のために漁業活動を制限している
>
> ③漁船の修繕や病気やけがなどで出漁していない
>
> など合理的な理由があるものについては「適切かつ有効」な利用として扱われます。

(https://www.jfa.maff.go.jp/j/kikaku/kaikaku/attach/pdf/suisankaikaku-15.pdf)

引き続き同文書では「(3) 儲かる企業の養殖の方が『適切・有効』と判断されませんか」という質問に対する回答という形式で、『適切かつ有効』の基準は、現に漁業権に基づき漁業を行っている方の漁場利用の状況を見て判断するものです。新規参入する企業と比較する基準ではありませんし、養殖の生産量や金額を見て判断するものではありません」と記載されています。

（4）漁業権者の責務及び義務

◆条文

【新第七十四条（漁業権者の責務）】

1　漁業権を有する者（以下この節及び第百七十条第七項において「漁業権者」という。）は、当該漁業権に係る漁場を適切かつ有効に活用するよう努めるものとする。

2　団体漁業権を有する漁業協同組合又は漁業協同組合連合会は、当該団体漁業権に係る漁場における漁業生産力を発展させるため、農林水産省令で定めるところにより、組合員（漁業協同組合連合会にあつては、その会員たる漁業協同組合の組合員。以下この項において同じ。）が相互に協力して行う生産の合理化、組合員による生産活動のための法人の設立その他の方法による経営の高度化の促進に関する計画を作成し、定期的に点検を行うとともに、その実現に努めるものとする。

【新第九十条（資源管理の状況等の報告）】

1　漁業権者は、農林水産省令で定めるところにより、その有する漁業権の内容たる漁業における資源管理の状況、漁場の活用の状況その他の農林水産省令で定める事項を都道府県知事に報告しなければならない。ただし、第二十六条第一項又は第三十条第一項の規定により都道府県知事に報告した事項については、この限りでない。

2　都道府県知事は、農林水産省令で定めるところにより、海区漁業調整委員会に対し、前項の規定により報告を受けた事項について必要な報告をするものとする。

◆**註解**

今回の改正により、漁場の適切・有効な活用の促進という観点から、第七十四条及び第九十条が新たに設けられました。

(5) 漁業権の存続期間

◆**条文**

【旧第二十一条（漁業権の存続期間）】

1　漁業権の存続期間は、免許の日から起算して、真珠養殖業を内容とする区画漁業権、第六条第五項第五号に規定する内水面以外の水面における水産動物の養殖業を内容とする区画漁業権（特定区画漁業権及び真珠養殖業を内容とする区画漁業権を除く。）又は共同漁業権にあつては十年、その他の漁業権にあつては五年とする。

2　都道府県知事は、漁業調整のため必要な限度において前項の期間より短い期間を定めることができる。

【新第七十五条（漁業権の存続期間）】

1　漁業権の存続期間は、免許の日から起算して、区画漁業権（真珠養殖業を内容とするものその他の農林水産省令で定めるものに限る。）及び共同漁業権にあつては十年、その他の漁業権にあつては五年とする。

2　都道府県知事が海区漁場計画又は内水面漁場計画において前項の期間より短い期間を定めた漁業権の存続期間は、同項の規定にかかわらず、当該都道府県知事が定めた期間とする。

◆**註解**

改正後の第七十五条（漁業権の存続期間）は、削除された旧第二十一条の文言を一部改めたもので、実質的には変更がありません。漁業権の種類と存続期間を一覧表にすると、次のようになります。

定置漁業権		五年
区画漁業権	真珠養殖業その他の農林水産省令で定めるもの	十年
	真珠養殖業その他の農林水産省令で定めるもの以外	五年
共同漁業権		十年
【備考】漁業調整上の理由による期間短縮あり		

(6) 漁業権の性質

◆条文

【旧第二十三条（漁業権の性質）】

1 漁業権は、物権とみなし、土地に関する規定を準用する。

2 民法（明治二十九年法律第八十九号）第二編第九章（質権）の規定は定置漁業権及び区画漁業権（特定区画漁業権であつて漁業協同組合又は漁業協同組合連合会の有するものを除く。次条、第二十六条及び第二十七条において同じ。）に、第八章から第十章まで（先取特権、質権及び抵当権）の規定は特定区画漁業権であつて漁業協同組合又は漁業協同組合連合会の有するもの及び共同漁業権に、いずれも適用しない。

【新第七十七条（漁業権の性質）】

1 漁業権は、物権とみなし、土地に関する規定を準用する。

2 民法（明治二十九年法律第八十九号）第二編第九章の規定は個別漁業権に、同編第八章から第十章までの規定は団体漁業権に、いずれも適用しない。

◆**註解**

改正後の第七十七条（漁業権の性質）は、削除された旧第二十三条の文言を一部改めたもので、実質的には変更がありません。この条文の趣旨は、水産庁ホームページの「漁業権について」と題するＷｅｂページによれば、漁業権が「一定の水面において特定の漁業を一定の期間排他的に営む権利」であることから、「物権的請求権の付与によりその法律上の権利の保護を強化することを目的として、民法上の物権に生ずるものと同様の法律効果を発生させることとしたものです」。

(https://www.jfa.maff.go.jp/j/enoki/gyogyouken_jouhou3.html)

因みに、富山大学経済学部助手（文部教官）の吉原節夫氏が執筆した「漁業権の物権的性質－わが国における漁業権の法律的構成 その二－」（『富大経済論集』五巻二号一九五九年十一月一二〇頁以下）と題する論文では、「３ 私見」という見出しの下に、次のように記載されています。

漁業をなしうる権利が即漁業権なのではなく、漁業権とは漁業法において規定されている定置漁業権・区画漁業権・共同漁業権だけを指すのであるが、現在の浴岸漁業秩序において法律の規制によって漁業をなしうるものには、これら漁業権漁業＝免許漁業の他に許可漁業がある。許可漁業は、一般的に禁止されている漁業を許可を受けた特定人に解除し適法に行わせるものであって漁業権漁業のように権利を設定するものではないけれども、法社会学的にみた場合にはこれも権利化されており、漁業をなしうる資格あるいは地位を与えている点では、漁業権漁業と何ら変りはない。しかるに、何故一方は権利の設定されない許可漁業となり他方が権利の設定される免許漁業となっているのであろうか。それは、許可漁業は不特定漁場の漁業であるに反し、漁業権漁業の場合は何れも漁場が特定しており、この特定した漁場を保護するために他ならない。すなわち、定置漁業、区画漁業は一定の水域内に網を敷設したり、一定の区域内で養殖したりして漁場が特定し、漁撈技術からしてこの特定の漁場を排他的独占的に使用させないとその漁業が成立し得ないが故に法律は、この特定の漁場を排他的に支配し第三者の侵入妨害を排除しうるように―単に許可を与えるだけでなく―権利として保護したのである。また、共同漁業権の場合は若干趣を異にし漁防技術的に漁場が特定してこれを保護しなければならぬというわけではないが、協同組合に対し一定の漁場において法定内容の漁業経営を管理させ、組合員がその漁業を独占的に営めるように一定の水域の独占使用を与えたものである。何れにしろ、漁業権制度において漁業権が認められるのは、漁場の排他的占有を法的に保護せんがためであることには変りはないのである。

（原書三四三頁）

(7) 漁業権の変動

① 分割又は変更

◆条文

【旧第二十二条（漁業権の分割又は変更）】

1　漁業権を分割し、又は変更しようとするときは、都道府県知事に申請してその免許を受けなければならない。

2　都道府県知事は、漁業調整その他公益に支障を及ぼすと認める場合は、前項の免許をしてはならない。

3　第一項の場合においては、第十二条（海区漁業調整委員会への諮問）及び第十三条（免許をしない場合）

の規定を準用する。

【新第七十六条（漁業権の分割又は変更）】

１　漁業権を分割し、又は変更しようとする者は、都道府県知事に申請して、その免許を受けなければならない。

２　都道府県知事は、海区漁場計画又は内水面漁場計画に適合するものでなければ、前項の免許をしてはならない。

３　第一項の場合においては、第七十条及び第七十一条の規定を準用する。

◆註解

改正後の第七十六条（漁業権の分割又は変更）は、削除された旧第二十二条の文言を一部改めたもので、実質的には変更がありません。

ところで、平成十四年八月六日に発せられた水産庁長官の「漁場計画の樹立について」【（本書一〇八頁既出）】と題する通知では、「第一　全般的事項」「４．免許後の漁業権の変更について」「（２）法第二十二条の漁業権の変更について」という見出しの下に、次のように記載されています。

> 天災地変その他による海況漁況の著しい変動による場合や、資源的に見て明らかに計画が不適当であることが判明した場合には、漁業権の変更を行うこともやむを得ない。
>
> このような場合には、法第二十二条第三項において準用する法第十三条第一項第二号の規定上、漁場計画を見直し、法第十一条第一項の規定に基づきこれを事前に決定の上公示しなければならず、これ以外の手続による運用が認められる余地はない。このことは既に政府見解（昭和六十一年参議院議員久保亘君提出共同漁業権の一部放棄及び漁業補償についての漁協の権限に関する質問に対する答弁書及び平

成元年衆議院議員岩垂寿喜男君提出共同漁業権の漁場区域の一部削除に関する質問に対する答弁書）として明らかにしてきたところであり、それ以前の水産庁漁政部長通知「漁業法第二十二条の事務取扱上の解釈について」（昭和二十七年十月二日付け二七水第七九〇二号漁政部長通知）については、都道府県における今後の事務手続の混乱を防止する観点から廃止する。

（https://www.maff.go.jp/j/kokuji_tuti/tuti/t0000473.html）

②抵当権の設定

◆条文

【旧第二十四条（抵当権の設定）】

1　定置漁業権又は区画漁業権について抵当権を設定した場合において、その漁場に定着した工作物は、民法第三百七十条（抵当権の効力の及ぶ範囲）の規定の準用に関しては、漁業権に付加してこれと一体を成す物とみなす。定置漁業権又は区画漁業権が先取特権の目的である場合も、同様とする。

2　定置漁業権又は区画漁業権を目的とする抵当権の設定は、都道府県知事の認可を受けなければ、その効力を生じない。

3　都道府県知事は、定置漁業権又は区画漁業権を目的とする抵当権の設定が、当該漁業の経営に必要な資金の融通のためやむを得ないと認められる場合でなければ、前項の認可をしてはならない。

4　第二項の認可をしようとするときは、都道府県知事は、海区漁業調整委員会の意見をきかなければならない。

【新第七十八条（抵当権の設定）】

１　個別漁業権について抵当権を設定した場合において、その漁場に定着した工作物は、民法第三百七十条の規定の準用に関しては、漁業権に付加してこれと一体を成す物とみなす。個別漁業権が先取特権の目的である場合も、同様とする。

２　個別漁業権を目的とする抵当権の設定は、都道府県知事の認可を受けなければ、その効力を生じない。

３　前項の規定により認可をしようとするときは、都道府県知事は、海区漁業調整委員会の意見を聴かなければならない。

◆註解

削除された旧第二十四条に代わって、第七十八条が新設されました。特に大きな相違点は「都道府県知事は、定置漁業権又は区画漁業権を目的とする抵当権の設定が、当該漁業の経営に必要な資金の融通のためやむを得ないと認められる場合でなければ、前項の認可をしてはならない」という旧第二十四条第三項の文言が消えたことで、定置漁業又は区画漁業の漁業者は融資を受けやすくなります。そのほかは文言の一部が改められただけで、実質的には変更がありません。

③漁業権の移転の制限

◆条文

【旧第二十六条（漁業権の移転の制限）】

１　漁業権は、相続又は法人の合併若しくは分割による場合を除き、移転の目的となることができない。ただし、定置漁業権及び区画漁業権については、滞納処分による場合、先取特権者若しくは抵当権者がその権利を実行する場合又は第二十七条第二項の通知を受けた者が譲渡する場合において、都道府県知事の認可を受けたときは、この限りでない。

2　都道府県知事は、第十四条第一項、第二項又は第六項に規定する適格性を有する者に移転する場合でなければ、前項の認可をしてはならない。

3　前項の規定により認可をしようとするときは、都道府県知事は、海区漁業調整委員会の意見を聴かなければならない。

【新七十九条（漁業権の移転の制限）】

1　漁業権は、相続又は法人の合併若しくは分割による場合を除き、移転の目的とすることができない。ただし、個別漁業権については、滞納処分による場合、先取特権者若しくは抵当権者がその権利を実行する場合又は次条第二項の通知を受けた者が譲渡する場合において、都道府県知事の認可を受けたときは、この限りでない。

2　都道府県知事は、第七十二条第一項又は第二項（同条第四項において準用する場合を含む。）に規定する適格性を有する者に移転する場合でなければ、前項の認可をしてはならない。

3　第一項の規定により認可をしようとするときは、都道府県知事は、海区漁業調整委員会の意見を聴かなければならない。

◆註解

改正後の第七十九条（漁業権の移転の制限）は、削除された旧第二十六条の文言を一部改めたもので、実質的には変更がありません。

④相続・合併・分割による承継

◆条文

【旧第二十七条（相続又は法人の合併若しくは分割によつて取得した定置漁業権又は区画漁業権）】

１　相続又は法人の合併若しくは分割によつて定置漁業権又は区画漁業権を取得した者は、取得の日から二箇月以内にその旨を都道府県知事に届け出なければならない。

２　都道府県知事は、海区漁業調整委員会の意見を聴き、前項の者が第十四条第一項に規定する適格性を有する者でないと認めるときは、一定期間内に譲渡しなければその漁業権を取り消すべき旨をその者に通知しなければならない。

【新第八十条（相続又は法人の合併若しくは分割によつて取得した個別漁業権）】

１　相続又は法人の合併若しくは分割によつて個別漁業権を取得した者は、取得の日から二月以内にその旨を都道府県知事に届け出なければならない。

２　都道府県知事は、海区漁業調整委員会の意見を聴き、前項の者が第七十二条第一項に規定する適格性を有する者でないと認めるときは、一定期間内に譲渡しなければその漁業権を取り消すべき旨をその者に通知しなければならない。

◆注解

改正後の第八十条（相続又は法人の合併若しくは分割によって取得した個別漁業権）は、削除された旧第二十七条の文言を一部改めたもので、実質的には変更がありません。

⑤水面使用の権利義務の付随性

◆条文

【旧第二十八条（水面使用の権利義務）】

漁業権者の有する水面使用に関する権利義務（当該漁業権者が当該漁業に関し行政庁の許可、認可その他の処分に基づいて有する権利義務を含む。）は、漁業権の処分に従う。

【新第八十一条（水面使用の権利義務）】

漁業権者が有する水面使用に関する権利義務（当該漁業権者が当該漁業に関し行政庁の許可、認可その他の処分に基づいて有する権利義務を含む。）は、漁業権の処分に従う。

◆註解

改正後の第八十一条（水面使用の権利義務）は、削除された旧第二十八条の文言を一部改めたもので、実質的には変更がありません。

⑥貸付けの禁止

◆条文

【旧第二十九条（貸付けの禁止）】

漁業権は、貸付けの目的となることができない。

【新第八十二条（貸付けの禁止）】

漁業権は、貸付けの目的とすることができない。

◆**註解**

改正後の第八十二条（貸付けの禁止）は、削除された旧第二十九条の文言を一部改めたもので、実質的には変更がありません。

⑦同意の必要性

◆**条文**

【旧第三十条（登録した権利者の同意）】

１　漁業権は、第五十条の規定により登録した権利者の同意を得なければ、分割し、変更し、又は放棄することができない。

２　第十三条第二項から第四項まで（同意が得られない場合等）の規定は、前項の同意に準用する。

【新第八十三条（登録した権利者の同意）】

１　漁業権は、第百十七条第一項の規定により登録した先取特権若しくは抵当権を有する者（以下「登録先取特権者等」という。）又は同項の規定により登録した入漁権を有する者の同意を得なければ、分割し、変更し、又は放棄することができない。

２　第七十一条第二項から第四項までの規定は、前項の同意について準用する。

【旧第三十一条（組合員の同意）】

第八条第三項から第五項までの規定は、漁業協同組合又は漁業協同組合連合会がその有する特定区画漁業権又は第一種共同漁業を内容とする共同漁業権を分割し、変更し、又は放棄しようとするときに準用する。この場合において、同条第三項中「当該漁業権に係る漁業の免許の際において当該漁業権の内容たる漁業を営む者」とあるのは、「当該漁業権の内容たる漁業を営む者」と読み替えるものとする。

【新第百八条（組合員の同意）】

第百六条第四項から第六項までの規定は、漁業協同組合又は漁業協同組合連合会がその有する団体漁業権を分割し、変更し、又は放棄しようとする場合について準用する。この場合において、同条第四項中「当該漁業権に係る漁業の免許の際において当該漁業権の内容たる漁業を営む者」とあるのは、「当該漁業権の内容たる漁業を営む者」と読み替えるものとする。

【旧第三十二条（漁業権の共有）】

1　漁業権の各共有者は、他の共有者の三分の二以上の同意を得なければ、その持分を処分することができない。

2　第十三条第二項から第四項まで（同意が得られない場合等）の規定は、前項の同意に準用する。

【新第八十四条（漁業権の共有）】

1　漁業権の各共有者は、他の共有者の三分の二以上の同意を得なければ、その持分を処分することができない。

2　第七十一条第二項から第四項までの規定は、前項の同意について準用する。

【旧第三十三条】

漁業権の各共有者がその共有に属する漁業権を変更するために他の共有者の同意を得ようとする場合においては、第十三条第二項から第四項まで（同意が得られない場合等）の規定を準用する。

【新第八十五条】

漁業権の各共有者がその共有に属する漁業権を変更するために他の共有者の同意を得ようとする場合においては、第七十一条第二項から第四項までの規定を準用する。

◆**註解**

改正後の第八十三条乃至第八十五条及び第百八号は、削除された旧第三十条乃至第三十三条の文言を一部改めたもので、実質的には変更がありません。

⑧工作物買取請求権

◆**条文**

【旧第四十二条（漁場に定着した工作物の買取）】

漁場に定着する工作物を設置して漁業権の価値を増大せしめた漁業権者は、その漁業権が消滅したときは、当該工作物の利用によつて利益を受ける漁業の免許を受けた者に対し、時価をもつて当該工作物を買い取るべきことを請求することができる。

【新第九十六条（漁場に定着した工作物の買取）】

漁場に定着する工作物を設置して漁業権の価値を増大させた漁業権者は、その漁業権が消滅したときは、その消滅後に当該工作物の利用によつて利益を受ける漁業の免許を受けた者に対し、時価で当該工作物を買い取るべきことを請求することができる。

◆**註解**

改正後の第九十六条（漁場に定着した工作物の買取）は、削除された旧第二十九条の文言を一部改めたもので、実質的には変更がありません。

(8) 条件付き漁業権

◆条文

【旧第三十四条(漁業権の制限又は条件)】

1 都道府県知事は、漁業調整その他公益上必要があると認めるときは、免許をするにあたり、漁業権に制限又は条件を付けることができる。

2 前項の制限又は条件を付けようとするときは、都道府県知事は、海区漁業調整委員会の意見をきかなければならない。

3 第一項の規定による制限又は条件の付加については、第十一条第六項の規定を準用する。

4 都道府県知事は、免許後、海区漁業調整委員会が漁業調整その他公益上必要があると認めて申請したときは、漁業権に制限又は条件を付けることができる。

5 海区漁業調整委員会は、前項の申請をしようとするときは、あらかじめ、当該漁業権者に制限又は条件を付ける理由を文書をもつて通知し、公開による意見の聴取を行わなければならない。

6 前項の意見の聴取に際しては、当該漁業権者又はその代理人は、当該事案について弁明し、かつ、証拠を提出することができる。

7 当該漁業権者又はその代理人は、第五項の規定による通知があつた時から意見の聴取が終結する時までの間、海区漁業調整委員会に対し、当該事案についてした調査の結果に係る調書その他の当該申請の原因となる事実を証する資料の閲覧を求めることができる。この場合において、海区漁業調整委員会は、第三者の利益を害するおそれがあるときその他正当な理由があるときでなければ、その閲覧を拒むことができない。

８　前三項に定めるもののほか、海区漁業調整委員会が行う第五項の意見の聴取に関し必要な事項は、政令で定める。

【新第八十六条（漁業権の条件）】

１　都道府県知事は、漁業調整その他公益上必要があると認めるときは、漁業権に条件を付けることができる。

２　前項の条件を付けようとするときは、都道府県知事は、海区漁業調整委員会の意見を聴かなければならない。

３　農林水産大臣は、都道府県の区域を超えた広域的な見地から、漁業調整のため特に必要があると認めるときは、都道府県知事に対し、第一項の規定により漁業権に条件を付けるべきことを指示することができる。

４　免許後に第一項の条件を付けようとする場合における第二項の海区漁業調整委員会の意見については、第八十九条第四項から第七項までの規定を準用する。この場合において、同条第四項中「前項の場合において、漁業権を取り消すべき旨」とあるのは、「第八十六条第一項の規定により漁業権に条件を付けるべき旨」と読み替えるものとする。

◆**註解**

改正前の第三十四条は削除され、改正後は第八十六条が新たに設けられましたが、実質的には引き継がれています。但し、海区漁業調整委員会が果たして来た建議の機能が失われ、諮問機関としての位置づけが明確になっています【本書一二三頁参照】。

(9) 休業

◆条文

【旧第三十五条（休業の届出）】

漁業権者が一漁業時期以上にわたつて休業しようとするときは、休業期間を定め、あらかじめ都道府県知事に届け出なければならない。

【新第八十七条（休業の届出）】

個別漁業権を有する者が当該個別漁業権の内容たる漁業を一漁業時期以上にわたつて休業しようとするときは、休業期間を定め、あらかじめ都道府県知事に届け出なければならない。

【旧第三十六条（休業中の漁業許可）】

1 前条の休業期間中は、第十四条第一項に規定する適格性を有する者は、第九条の規定にかかわらず、都道府県知事の許可を受けて当該漁業権の内容たる漁業を営むことができる。

2 前項の許可の申請があつたときは、都道府県知事は、海区漁業調整委員会の意見をきかなければならない。

3 第一項の許可については、第十三条第五項及び第六項（意見の聴取）、第二十二条第二項（免許をしない場合）、第三十四条（漁業権の制限又は条件）、前条（休業の届出）、次条、第三十八条第一項、第二項及び第五項、第三十九条（漁業権の取消し）並びに第四十条（錯誤によつてした免許の取消し）の規定を準用する。この場合において、第三十八条第一項中「第十四条」とあるのは、「第十四条第一項」と読み替えるものとする。

4 前三項の規定は、第三十九条第二項の規定に基く処分により漁業権の行使を停止された期間中他の者が当該漁業を営もうとする場合に準用する。

【新第八十八条（休業中の漁業許可）】

1　前条の休業中においては、第七十二条第一項に規定する適格性を有する者は、第六十八条の規定にかかわらず、都道府県知事の許可を受けて当該休業中の個別漁業権の内容たる漁業を営むことができる。

2　前項の許可の申請があつたときは、都道府県知事は、海区漁業調整委員会の意見を聴かなければならない。

3　都道府県知事は、漁業調整その他公益に支障を及ぼすと認める場合は、第一項の許可をしてはならない。

4　第一項の許可については、第七十一条第五項及び第六項、第八十六条、前条並びに次条から第九十四条までの規定を準用する。この場合において、第七十一条第五項中「第一項各号のいずれか」とあり、及び「同項各号のいずれか」とあるのは「第八十八条第三項に規定する場合」と、第九十二条第一項中「第七十二条第一項又は第二項（同条第四項において準用する場合を含む。）」とあるのは「第七十二条第一項」と読み替えるものとするほか、必要な技術的読替えは、政令で定める。

5　前各項の規定は、第九十二条第二項の規定に基づく処分により個別漁業権の行使を停止された期間中他の者が当該個別漁業権の内容たる漁業を営もうとする場合について準用する。

【旧第三十七条（休業による漁業権の取消し）】

1　免許を受けた日から一年間、又は引き続き二年間休業したときは、都道府県知事は、その漁業権を取り消すことができる。

2　漁業権者の責めに帰すべき事由による場合を除き、第三十九条第一項の規定に基づく処分、第六十五条第一項若しくは第二項の規定に基づく命令、第六十七条第一項の規定に基づく指示、同条第十一項の規定に基づく命令、第六十八条第一項の規定に基づく指示又は同条第四項において読み替えて準用する第六十七条第十一項の規定に基づく命令により漁業権の行使を停止された期間は、前項の期間に算入しない。

3　第一項の規定により漁業権を取り消そうとするときは、都道府県知事は、海区漁業調整委員会の意見を聴かなければならない。

4　前項の場合には、第三十四条第五項から第八項まで（意見の聴取）の規定を準用する。この場合において、同条第七項中「海区漁業調整委員会」とあるのは、「都道府県知事」と読み替えるものとする。

【新第八十九条（休業による漁業権の取消し）】

1　都道府県知事は、漁業権者がその有する漁業権の内容たる漁業の免許の日又は移転に係る認可の日から一年間又は引き続き二年間休業したときは、当該漁業権を取り消すことができる。

2　漁業権者の責めに帰すべき事由による場合を除き、第九十三条第一項の規定により漁業権の行使を停止された期間及び第百十九条第一項若しくは第二項の規定に基づく命令、第百二十条第一項の規定による指示、同条第十一項の規定による命令、第百二十一条第一項の規定による指示又は同条第四項において読み替えて準用する第百二十条第十一項の規定による命令により漁業権の内容たる漁業を禁止された期間は、前項の期間に算入しない。

3　第一項の規定により漁業権を取り消そうとするときは、都道府県知事は、海区漁業調整委員会の意見を聴かなければならない。

4　海区漁業調整委員会は、前項の場合において、漁業権を取り消すべき旨の意見を述べようとするときは、あらかじめ、当該漁業権者にその理由を文書をもつて通知し、公開による意見の聴取を行わなければならない。

5　前項の意見の聴取に際しては、当該漁業権者又はその代理人は、当該事案について弁明し、かつ、証拠を提出することができる。

6　当該漁業権者又はその代理人は、第四項の規定による通知があつた時から意見の聴取が終結する時までの間、都道府県知事に対し、当該事案についてした調査の結果に係る調書その他の当該申請の原因となる事実を証する資料の閲覧を求めることができる。この場合において、都道府県知事は、第三者の利益を害するおそれがあるときその他正当な理由があるときでなければ、その閲覧を拒むことができない。

7　前三項に定めるもののほか、海区漁業調整委員会が行う第四項の意見の聴取に関し必要な事項は、政令で定める。

◆**註解**

休業に関する改正前の第三十五条乃至第三十七条の規定は削除されましたが、新たに設けられた第八十七条乃至第八十九条で引き継がれています。

但し、第八十八条第三項は、漁業権が第六十三条第一項第一号により、漁業調整その他公益に支障を及ぼさないように設定されている【本書一一〇頁参照】こととの整合性を図るために、新たに設けられました。

また、第八十九条の第四項乃至第七項は、削除された旧第三十四条の第五項乃至第八項の文言を一部改めたもので、実質的には変更がありません。

(10) 行政指導

◆**条文**

【新第九十一条（指導及び勧告）】

1　都道府県知事は、漁業権者が次の各号のいずれかに該当すると認めるときは、当該漁業権者に対して、漁場の適切かつ有効な活用を図るために必要な措置を講ずべきことを指導するものとする。

一　漁場を適切に利用しないことにより、他の漁業者が営む漁業の生産活動に支障を及ぼし、又は海洋環境の悪化を引き起こしているとき。

二　合理的な理由がないにもかかわらず漁場の一部を利用していないとき。

2　都道府県知事は、前項の規定により指導した者が、その指導に従つていないと認めるときは、その者に対して、当該指導に係る措置を講ずべきことを勧告するものとする。

3　前二項の規定により指導し、又は勧告しようとするときは、都道府県知事は、海区漁業調整委員会の意見を聴かなければならない。

◆注解

今回の改正により新設された第九十一条は、新設された第七十四条で漁業権者に課せられた責務【本書一三八頁参照】の実効性を担保するための規定です。漁業権者がこの規定に反して、行政指導に従わず、更に勧告に従わないときは、第九十二条（適格性の喪失等による漁業権の取消し等）第二項第二号により、漁業権の取消又は行使の停止の処分を受けることになります。

(11) 適格性の喪失等による漁業権の取消し

◆条文

【旧第三十八条（適格性の喪失等による漁業権の取消し）】

1　漁業の免許を受けた後に漁業権者が第十四条に規定する適格性を有する者でなくなつたときは、都道府県知事は、漁業権を取り消さなければならない。

２　前項の規定により漁業権を取り消そうとするときは、都道府県知事は、海区漁業調整委員会の意見をきかなければならない。

３　漁業権者以外の者が実質上当該漁業権の内容たる漁業の経営を支配しており、且つ、その者には第十五条から第十九条まで（優先順位）の規定によれば当該漁業の免許をしないことが明らかであると認めて、海区漁業調整委員会が漁業権を取り消すべきことを申請したときは、都道府県知事は、漁業権を取り消すことができる。

４　前項の規定の適用については、漁業権者たる漁業協同組合が他の者の出資を受けて当該漁業権の内容たる漁業を営む場合において、当該出資額が出資総額の過半を占めていることをもつてその他の者が実質上当該漁業の経営を支配していると解釈してはならない。

５　第二項の場合には前条第四項（意見の聴取）の規定を、第三項の場合には第三十四条第五項から第八項まで（意見の聴取）の規定を準用する。

【新第九十二条（適格性の喪失等による漁業権の取消し等）】

１　漁業の免許を受けた後に漁業権者が第七十二条第一項又は第二項（同条第四項において準用する場合を含む。）に規定する適格性を有する者でなくなつたときは、都道府県知事は、その漁業権を取り消さなければならない。

２　都道府県知事は、漁業権者が次の各号のいずれかに該当することとなつたときは、その漁業権を取り消し、又はその行使の停止を命ずることができる。

一　漁業に関する法令の規定に違反したとき。

二　前条第二項の規定による勧告に従わないとき。

3　前二項の場合には、第八十九条第三項から第七項までの規定を準用する。

◆**註解**

今回の改正により削除された旧第十四条に代わって第七十二条が新たに設けられた【本書一二九頁参照】ことに対応して、削除された旧第三十八条に代わって第九十二条が新たに設けられました。但し、第九十二条第二項第一号は旧第三十九条第二項を承継するものであるのに対して、第二号は新設の第九十一条第二項に対応するものです。

(12) 公益上の必要による不利益処分

◆**条文**

【旧第三十九条（公益上の必要による漁業権の変更、取消し又は行使の停止）】

1　漁業調整、船舶の航行、てい泊、けい留、水底電線の敷設その他公益上必要があると認めるときは、都道府県知事は、漁業権を変更し、取り消し、又はその行使の停止を命ずることができる。

2　漁業権者が漁業に関する法令の規定に違反したときもまた前項に同じである。

3　前二項の規定による処分をしようとするときは、都道府県知事は、海区漁業調整委員会の意見をきかなければならない。

4　前項の場合には、第三十七条第四項（意見の聴取）の規定を準用する。

5　第一項又は第二項の規定による漁業権の変更若しくは取消し又はその行使の停止については、第十一条第六項の規定を準用する。

6　都道府県は、第一項の規定による漁業権の変更若しくは取消し又はその行使の停止によつて生じた損失を当該漁業権者に対し補償しなければならない。

7　前項の規定により補償すべき損失は、同項の処分によつて通常生ずべき損失とする。

8　第六項の補償金額は、都道府県知事が海区漁業調整委員会の意見を聴いて決定する。

9　前項の補償金額に不服がある者は、その決定の通知を受けた日から六月以内に、訴えをもつてその増額を請求することができる。

10　前項の訴えにおいては、都道府県を被告とする。

11　第一項の規定により取り消された漁業権の上に先取特権又は抵当権があるときは、当該先取特権者又は抵当権者から供託をしなくてもよい旨の申出がある場合を除き、都道府県は、その補償金を供託しなければならない。

12　前項の先取特権者又は抵当権者は、同項の規定により供託した補償金に対してその権利を行うことができる。

13　第一項の規定による漁業権の変更若しくは取消し又はその行使の停止によつて利益を受ける者があるときは、都道府県は、その者に対し、第六項の補償金額の全部又は一部を負担させることができる。

14　前項の場合には、第九項及び第十項、第三十四条第二項（海区漁業調整委員会への諮問）並びに第三十七条第四項（意見の聴取）の規定を準用する。この場合において、第九項中「増額」とあるのは、「減額」と読み替えるものとする。

15　第十三項の規定による負担金は、地方税の滞納処分の例によつて徴収することができる。ただし、先取特権の順位は、国税及び地方税に次ぐものとする。

【新第九十三条（公益上の必要による漁業権の取消し等）】

1　漁業調整、船舶の航行、停泊又は係留、水底電線の敷設その他公益上必要があると認めるときは、都道府県知事は、漁業権を変更し、取り消し、又はその行使の停止を命ずることができる。

2　都道府県知事は、前項の規定により漁業権を変更するときは、併せて、海区漁場計画又は内水面漁場計画を変更しなければならない。

3　第一項の場合には、第八十九条第三項から第七項までの規定を準用する。

4　農林水産大臣は、都道府県の区域を超えた広域的な見地から、漁業調整、船舶の航行、停泊又は係留、水底電線の敷設その他公益上特に必要があると認めるときは、都道府県知事に対し、第一項の規定により漁業権を変更し、取り消し、又はその行使の停止を命ずべきことを指示することができる。

◆註解

改正前の第三十九条は削除され、改正後は第九十三条が新たに設けられましたが、実質的には引き継がれています。但し、第九十三条第二項は、第六十三条第一項第一号により漁業権が漁業調整その他公益に支障を及ぼさないように設定される【本書一一〇頁参照】こととの整合性を図るために、新たに設けられました。また、第九十三条第四項は、第六十六条第二号により、都道府県の区域を超えた広域的な見地から、漁業調整のため特に必要があると認めるときは海区漁場計画を変更すべき旨の指示その他海区漁場計画に関して必要な指示をすることができる【本書一一二頁参照】こととの整合性を図るために、新たに設けられました。

尚、損失補償に関する旧第三十九条第六項は、新設の第百七十七条（損失の補償）第十三項第二号【本書二六〇頁参照】で引き継がれています。

（13）錯誤による免許の取消し

◆**条文**

【旧第四十条（錯誤による免許の取消）】

錯誤により免許をした場合においてこれを取り消そうとするときは、都道府県知事は、海区漁業調整委員会の意見をきかなければならない。

【新第九十四条（錯誤による免許の取消し）】

錯誤により免許をした場合においてこれを取り消そうとするときは、都道府県知事は、海区漁業調整委員会の意見を聴かなければならない。

◆註解

改正後の第九十四条は、削除された旧第四十条の条文中「き」という平仮名を「聴」という漢字に改めただけで、内容は全く変更がありません。

（14）担保物権者の保護

◆**条文**

【第四十一条（抵当権者の保護）】

1　漁業権を取り消したときは、都道府県知事は、直ちに、先取特権者又は抵当権者にその旨を通知しなければならない。

2　前項の権利者は、通知を受けた日から三十日以内に漁業権の競売を請求することができる。但し、第三十九条第一項の規定による取消又は錯誤によつてした免許の取消の場合は、この限りでない。
3　漁業権は、前項の期間内又は競売の手続完結の日まで、競売の目的の範囲内においては、なお存続するものとみなす。
4　競売による売却代金は、競売の費用及び第一項の権利者に対する債務の弁済に充て、その残金は国庫に帰属する。
5　買受人が代金を納付したときは、漁業権の取消しはその効力を生じなかつたものとみなす。

【新第九十五条（先取特権者及び抵当権者の保護）】
1　漁業権を取り消したときは、都道府県知事は、直ちに、登録先取特権者等にその旨を通知しなければならい。
2　登録先取特権者等は、前項の通知を受けた日から三十日以内に漁業権の競売を請求することができる。ただし、第九十三条第一項の規定による取消し又は錯誤によつてした免許の取消しの場合は、この限りでない。
3　漁業権は、前項の期間内又は競売の手続完結の日まで、競売の目的の範囲内においては、なお存続するものとみなす。
4　競売による売却代金は、競売の費用及び登録先取特権者等に対する債務の弁済に充て、その残金は国庫に帰属する。
5　買受人が代金を納付したときは、漁業権の取消しは、その効力を生じなかつたものとみなす。

◆**註解**
改正前の第四十一条は削除され、改正後は第九十五条が新たに設けられましたが、文言の一部が改められただけで、実質的には引き継がれています。

(15) 漁場に定着した工作物の買取

◆条文

【旧第四十二条（漁場に定着した工作物の買取）】

漁場に定着する工作物を設置して漁業権の価値を増大せしめた漁業権者は、その漁業権が消滅したときは、当該工作物の利用によつて利益を受ける漁業の免許を受けた者に対し、時価をもつて当該工作物を買い取るべきことを請求することができる。

【新第九十六条（漁場に定着した工作物の買取り）】

漁場に定着する工作物を設置して漁業権の価値を増大させた漁業権者は、その漁業権が消滅したときは、その消滅後に当該工作物の利用によつて利益を受ける漁業の免許を受けた者に対し、時価で当該工作物を買い取るべきことを請求することができる。

◆註解

改正前の第四十二条は削除され、改正後は第九十六条が新たに設けられましたが、文言の一部が改められただけで、内容に変更はありません。

第三節　入漁権

(1) 定義

◆条文

【旧第七条（入漁権の定義）】

この法律において「入漁権」とは、設定行為に基づき、他人の共同漁業権又はひび建養殖業、藻類養殖業、垂下式養殖業（縄、鉄線その他これらに類するものを用いて垂下して行う水産動物の養殖業をいい、真珠養殖業を除く。）、小割り式養殖業（網いけすその他のいけすを使用して行う水産動物の養殖業をいう。）若しくは第三種区画漁業たる貝類養殖業を内容とする区画漁業権（以下「特定区画漁業権」という。）に属する漁場においてその漁業権の内容たる漁業の全部又は一部を営む権利をいう。

【新第六十条（定義）第七項】

7　この章において「入漁権」とは、設定行為に基づき、他人の区画漁業権（その内容たる漁業を自ら営まない漁業協同組合又は漁業協同組合連合会が免許を受けるものに限る。）又は共同漁業権（以下この章において「団体漁業権」と総称する。）に属する漁場において当該団体漁業権の内容たる漁業の全部又は一部を営む権利をいう。

◆註解

入漁権の定義に関する改正前の第七条は削除されましたが、新たに設けられた第六十条第七項で引き継がれています。但し、今回の改正により特定区画漁業権が消滅し、新たに団体漁業権という用語が定義付けられたことに対応して、条文が改められています。

（２）入漁権取得の適格性

◆条文

【旧第四十二条の二（入漁権取得の適格性）】

漁業協同組合及び漁業協同組合連合会以外の者は、入漁権を取得することができない。

【新第九十七条（入漁権取得の適格性）】

漁業協同組合及び漁業協同組合連合会以外の者は、入漁権を取得することができない。

◆注解

今回の改正により削除された旧第四十二条の二と、新設された第九十七条は、全く同一の条文であり、実質的に引き継がれています。

（３）入漁権の性質

◆条文

【旧第四十三条（入漁権の性質）】

1　入漁権は、物権とみなす。

2　入漁権は、譲渡又は法人の合併による取得の目的となる外、権利の目的となることができない。

3　入漁権は、漁業権者の同意を得なければ、譲渡することができない。

【新第九十八条（入漁権の性質）】
1　入漁権は、物権とみなす。
2　入漁権は、譲渡又は法人の合併若しくは分割による取得の目的となるほか、権利の目的となることができない。
3　入漁権は、漁業権者の同意を得なければ、譲渡することができない。

◆**註解**

改正前の第四十三条は削除され、改正後は第九十八条が新たに設けられましたが、文言の一部が改められただけで、実質的に変更はありません。

（4）入漁権の内容の書面化

◆**条文**

【旧第四十四条（入漁権の内容の書面化）】
入漁権については、書面により左に掲げる事項を明らかにしなければならない。
一　入漁すべき区域
二　入漁すべき漁業の種類、漁獲物の種類及び漁業時期
三　存続期間の定があるときはその期間
四　入漁料の定があるときはその事項
五　漁業の方法について定があるときはその事項
六　漁船、漁具又は漁業者の数について定があるときはその事項

七　入漁者の資格について定があるときはその事項
八　その他入漁の内容

【新第九十九条（入漁権の内容の書面化）】
入漁権については、書面により次に掲げる事項を明らかにしなければならない。
一　入漁すべき区域
二　入漁すべき漁業の種類及び漁獲物の種類並びに漁業時期
三　存続期間の定めがあるときはその期間
四　入漁料の定めがあるときはその事項
五　漁業の方法について定めがあるときはその事項
六　漁船、漁具又は漁業者の数について定めがあるときはその事項
七　入漁者の資格について定めがあるときはその事項
八　その他入漁の内容

◆註解

改正前の第四十四条は削除され、改正後は第九十九条が新たに設けられましたが、文言の一部が改められただけで、実質的に変更はありません。

（5）裁定制度

◆条文

【旧第四十五条（裁定による入漁権の設定、変更及び消滅）】

1　入漁権の設定を求めた場合において漁業権者が不当にその設定を拒み、又は入漁権の内容が適正でないと認めてその変更若しくは消滅を求めた場合において相手方が不当にその変更若しくは消滅を拒んだときは、入漁権の設定、変更又は消滅を拒まれた者は、海区漁業調整委員会に対して、入漁権の設定、変更又は消滅に関する裁定を申請することができる。

2　前項の規定による裁定の申請があつたときは、海区漁業調整委員会は、相手方にその旨を通知し、かつ、農林水産省令の定めるところにより、これを公示しなければならない。

3　第一項の規定による裁定の申請の相手方は、前項の公示の日から二週間以内に海区漁業調整委員会に意見書を差し出すことができる。

4　海区漁業調整委員会は、前項の期間を経過した後に審議を開始しなければならない。

5　裁定は、その申請の範囲をこえることができない。

6　裁定においては、左の事項を定めなければならない。

一　入漁権の設定に関する裁定の申請の場合にあつては、設定するかどうか、設定する場合はその内容及び設定の時期

二　入漁権の変更に関する裁定の申請の場合にあつては、変更するかどうか、変更する場合はその内容及び変更の時期

三　入漁権の消滅に関する裁定の申請の場合にあつては、消滅させるかどうか、消滅させる場合は消滅の時期

7　海区漁業調整委員会は、裁定をしたときは、遅滞なくその旨を裁定の申請の相手方に通知し、かつ、農林水産省令の定めるところにより、これを公示しなければならない。

8　前項の公示があつたときは、その時に、裁定の定めるところにより当事者間に協議がととのつたものとみす。

【新第百条（裁定による入漁権の設定、変更及び消滅）】

1　入漁権の設定を求めた場合において漁業権者が不当にその設定を拒み、又は入漁権の内容が適正でないと認めてその変更若しくは消滅を求めた場合において相手方が不当にその変更若しくは消滅を拒んだときは、入漁権の設定、変更又は消滅を拒まれた者は、海区漁業調整委員会に対して、入漁権の設定、変更又は消滅に関する裁定を申請することができる。

2　前項の規定による裁定の申請があつたときは、海区漁業調整委員会は、相手方にその旨を通知し、かつ、農林水産省令の定めるところにより、これを公示しなければならない。

3　第一項の規定による裁定の申請の相手方は、前項の公示の日から二週間以内に海区漁業調整委員会に意見書を提出することができる。

4　海区漁業調整委員会は、前項の期間を経過した後に審議を開始しなければならない。

5　裁定は、その申請の範囲を超えることができない。

6　裁定においては、次に掲げる事項を定めなければならない。

一　入漁権の設定に関する裁定の申請の場合にあつては、設定するかどうか、設定する場合はその内容及び設定の時期

二　入漁権の変更に関する裁定の申請の場合にあつては、変更するかどうか、変更する場合はその内容及び

変更の時期

三　入漁権の消滅に関する裁定の申請の場合にあつては、消滅させるかどうか、消滅させる場合は消滅の時期

7　海区漁業調整委員会は、裁定をしたときは、遅滞なく、その旨を裁定の申請の相手方に通知し、かつ、農林水産省令の定めるところにより、これを公示しなければならない。

8　前項の公示があつたときは、その時に、裁定の定めるところにより当事者間に協議が調つたものとみなす。

◆**註解**

改正前の第四十五条は削除され、改正後は第百条が新たに設けられましたが、文言の一部が改められただけで、実質的に変更はありません。

（6）入漁権の存続期間

◆**条文**

【旧第四十六条（入漁権の存続期間）】

存続期間について別段の定がない入漁権は、その目的たる漁業権の存続期間中存続するものとみなす。但し、入漁権者は、何時でもその権利を放棄することができる。

【新第百一条（入漁権の存続期間）】

存続期間について別段の定めがない入漁権は、その目的たる漁業権の存続期間中存続するものとみなす。ただし、入漁権を有する者（第百三条において「入漁権者」という。）は、いつでもその権利を放棄することができる。

◆**註解**

改正前の第四十六条は削除され、改正後は第百一条が新たに設けられましたが、文言の一部が改められただけで、実質的に変更はありません。

（7）入漁権の共有

◆**条文**

【旧第四十七条（入漁権の共有）】

第三十二条及び第三十三条（漁業権の共有）の規定は、入漁権を共有する場合に準用する。

【新第百二条（入漁権の共有）】

第八十四条及び第八十五条の規定は、入漁権を共有する場合について準用する。

◆**註解**

改正前の第四十七条は削除され、改正後は第百二条が新たに設けられましたが、文言の一部が改められただけで、実質的に変更はありません。

（8）入漁料の不払等

◆**条文**

【旧第四十八条（入漁料の不払等）】

１　入漁権者が入漁料の支払を怠つたときは、漁業権者は、その入漁を拒むことができる。

２　入漁権者が引き続き二年以上入漁料の支払を怠り、又は破産手続開始の決定を受けたときは、漁業権者は、入漁権の消滅を請求することができる。

【新第百三条（入漁料の不払等）】

1　入漁権者が入漁料の支払を怠つたときは、漁業権者は、その入漁を拒むことができる。

2　入漁権者が引き続き二年以上入漁料の支払を怠り、又は破産手続開始の決定を受けたときは、漁業権者は、入漁権の消滅を請求することができる。

【旧第四十九条】

入漁料は、入漁しないときは、支払わなくてもよい。

【新第百四条】

入漁料は、入漁しないときは、支払わなくてもよい。

◆**註解**

今回の改正により削除された旧第四十八条及び旧第四十九条と、新設された第百三条及び第百四条は、全く同一の条文であり、実質的に引き継がれています。

第四節　漁業権・入漁権共通規定

(1)　組合員行使権

◆**条文**

【旧第八条（組合員の漁業を営む権利）第一項】

漁業協同組合の組合員（漁業者又は漁業従事者であるものに限る。）であつて、当該漁業協同組合又は当該漁業協同組合を会員とする漁業協同組合連合会がその有する各特定区画漁業権若しくは共同漁業権又は入漁権ごとに制定する漁業権行使規則又は入漁権行使規則で規定する資格に該当する者は、当該漁業協同組合又は漁業協同組合連合会の有する当該特定区画漁業権若しくは共同漁業権又は入漁権の範囲内において漁業を営む権利を有する。

【新第百五条（組合員行使権）】

団体漁業権若しくは入漁権を有する漁業協同組合の組合員又は団体漁業権若しくは入漁権を有する漁業協同組合連合会の会員たる漁業協同組合の組合員（いずれも漁業者又は漁業従事者であるものに限る。）であつて、当該団体漁業権又は入漁権に係る漁業権行使規則又は入漁権行使規則で規定する資格に該当するものは、当該漁業権行使規則又は入漁権行使規則に基づいて当該団体漁業権又は入漁権の範囲内において漁業を営む権利（以下「組合員行使権」という。）を有する。

◆注解

改正前の第八条第一項は削除され、改正後は第百五条が新たに設けられましたが、文言の一部が改められただけで、実質的に変更はありません。

(2) 漁業権（入漁権）行使規則

◆条文

【旧第八条（組合員の漁業を営む権利）第二項乃至第七項】

２　前項の漁業権行使規則又は入漁権行使規則（以下単に「漁業権行使規則」又は「入漁権行使規則」という。）には、同項の規定による漁業を営む権利を有する者の資格に関する事項のほか、当該漁業権又は入漁権の内容たる漁業につき、漁業を営むべき区域及び期間、漁業の方法その他当該漁業を営む権利を有する者が当該漁業を営む場合において遵守すべき事項を規定するものとする。

3　漁業協同組合又は漁業協同組合連合会は、その有する特定区画漁業権又は第一種共同漁業を内容とする共同漁業権について漁業権行使規則を定めようとするときは、水産業協同組合法（昭和二十三年法律第二百四十二号）の規定による総会（総会の部会及び総代会を含む。）の議決前に、その組合員（漁業協同組合連合会の場合には、その会員たる漁業協同組合の組合員。以下同じ。）のうち、当該漁業権に係る漁業の免許の際において当該漁業権の内容たる漁業を営む者（第十四条第六項の規定により適格性を有するものとして設定を受けた特定区画漁業権及び第一種共同漁業を内容とする共同漁業権については、当該漁業権に係る漁場の区域が内水面（第八十四条第一項の規定により農林水産大臣が指定する湖沼を除く。第二十一条第一項を除き、以下同じ。）以外の水面である場合にあつては沿岸漁業（総トン数二十トン以上の動力漁船を使用して行う漁業及び内水面における漁業を除いた漁業をいう。以下同じ。）を営む者、河川以外の内水面である場合にあつては当該内水面において漁業を営む者、河川である場合にあつては当該河川において水産動植物の採捕又は養殖をする者）であつて、当該漁業権に係る第十一条に規定する地元地区（共同漁業権については、同条に規定する関係地区）の区域内に住所を有するものの三分の二以上の書面による同意を得なければならない。

4　前項の場合において、水産業協同組合法第二十一条第三項（同法第八十九条第三項において準用する場合を含む。）の規定により電磁的方法（同法第十一条の二第四項に規定する電磁的方法をいう。）により議決権を行うことが定款で定められているときは、当該書面による同意に代えて、当該漁業権行使規則についての同意を当該電磁的方法により得ることができる。この場合において、当該漁業協同組合又は漁業協同組合連合会は、当該書面による同意を得たものとみなす。

5　前項前段の電磁的方法（水産業協同組合法第十一条の二第五項の農林水産省令で定める方法を除く。）により得られた当該漁業権行使規則についての同意は、漁業協同組合又は漁業協同組合連合会の使用に係る電子計算機に備えられたファイルへの記録がされた時に当該漁業協同組合又は漁業協同組合連合会に到達したものとみなす。

6　漁業権行使規則又は入漁権行使規則は、都道府県知事の認可を受けなければ、その効力を生じない。

7　第三項から第五項までの規定は特定区画漁業権又は第一種共同漁業を内容とする共同漁業権に係る漁業権行使規則の変更又は廃止について、前項の規定は漁業権行使規則又は入漁権行使規則の変更又は廃止について準用する。この場合において、第三項中「当該漁業権に係る漁業の免許の際において当該漁業権の内容たる漁業を営む者」とあるのは、「当該漁業権の内容たる漁業を営む者」と読み替えるものとする。

【新第百六条（漁業権行使規則等）】

1　漁業権行使規則は、団体漁業権を有する漁業協同組合又は漁業協同組合連合会において、団体漁業権ごとに制定するものとする。

2　入漁権行使規則は、入漁権を有する漁業協同組合又は漁業協同組合連合会において、入漁権ごとに制定するものとする。

3　漁業権行使規則及び入漁権行使規則（以下この条において「行使規則」という。）には、次に掲げる事項を規定するものとする。

一　組合員行使権を有する者（以下この項において「組合員行使権者」という。）の資格

二　漁業権又は入漁権の内容たる漁業につき、漁業を営むべき区域又は期間、当該漁業の方法その他組合員

行使権者が当該漁業を営む場合において遵守すべき事項

三　組合員行使権者がその有する組合員行使権に基づいて漁業を営む場合において、当該漁業協同組合又は漁業協同組合連合会が当該組合員行使権者に金銭を賦課するときは、その額

4　区画漁業又は第一種共同漁業を内容とする団体漁業権を有する漁業協同組合又は漁業協同組合連合会は、その有する団体漁業権について漁業権行使規則を定めようとするときは、水産業協同組合法（昭和二十三年法律第二百四十二号）の規定による総会（総会の部会及び総代会を含む。）の決議前に、その組合員（漁業協同組合連合会の場合には、その会員たる漁業協同組合の組合員）のうち、当該漁業権に係る漁業の免許の際において当該漁業権の内容たる漁業を営む者（第七十二条第二項第二号の要件に該当することにより同項（同条第四項において準用する場合を含む。）の規定により適格性を有するとされた者に係る団体漁業権にあつては、当該沿岸漁業を営む者（河川以外の内水面における漁業を内容とする団体漁業権にあつては当該内水面において漁業を営む者、河川における漁業を内容とする団体漁業権にあつては当該河川において水産動植物の採捕又は養殖をする者））であつて当該漁業権の関係地区の区域内に住所を有するものの三分の二以上の書面による同意を得なければならない。

5　前項の場合において、水産業協同組合法第二十一条第三項（同法第八十九条第三項において準用する場合を含む。）の規定により電磁的方法（同法第十一条の三第四項に規定する電磁的方法をいう。）により議決権を行うことが定款で定められているときは、当該書面による同意に代えて、当該漁業権行使規則についての同意を当該電磁的方法により得ることができる。この場合において、当該漁業協同組合又は漁業協同組合連合会は、当該書面による同意を得たものとみなす。

6　前項前段の電磁的方法（水産業協同組合法第十一条の三第五項の農林水産省令で定める方法を除く。）に

より得られた当該漁業権行使規則についての同意は、漁業協同組合又は漁業協同組合連合会の使用に係る電子計算機に備えられたファイルへの記録がされた時に当該漁業協同組合又は漁業協同組合連合会に到達したものとみなす。

7　行使規則は、都道府県知事の認可を受けなければ、その効力を生じない。

8　都道府県知事は、申請に係る行使規則が不当に差別的であると認めるときは、これを認可してはならない。

9　第四項から第六項までの規定は漁業権行使規則の変更又は廃止について、第七項の規定は行使規則の変更又は廃止について、前項の規定は行使規則の変更について準用する。この場合において、第四項中「当該漁業権に係る漁業の免許の際において当該漁業権の内容たる漁業を営む者」とあるのは、「当該漁業権の内容たる漁業を営む者」と読み替えるものとする。

10　行使規則は、当該行使規則を制定した漁業協同組合の組合員又は漁業協同組合連合会の会員たる漁業協同組合の組合員以外の者に対しては、効力を有しない。

◆注解

改正前の第八条第二項乃至第七項は削除され、改正後は第百六条が新たに設けられましたが、実質的には引き継がれています。但し、第百六条の第一項乃至第三項、第八項及び第十項は、文字通りの新設であり、平成三十年六月十五日に閣議決定された「規制改革実施計画」で、「3．水産分野」「養殖・沿岸漁業の発展に資する海水面利用制度の見直し」の項で、「漁業者団体に付与する漁業権については、漁業者団体がそのメンバーたる個別漁業者間の漁場利用に係る内部調整（費用の徴収等を含む）を漁業権行使規則に基づいて行う。漁業権行使規則はメンバー以外には及ばない」と明記されたことに対応するものです。

（3）総会の部会についての特例

◆条文

【新第百七条（総会の部会についての特例）】

団体漁業権を有する漁業協同組合が当該団体漁業権に係る総会の部会（水産業協同組合法第五十一条の二第一項に規定する総会の部会をいう。）を設けている場合においては、当該総会の部会は、当該団体漁業権の存続期間の満了に際し、漁場の位置及び区域並びに漁業の種類が当該満了する団体漁業権とおおむね等しいと認められるものとして設定される団体漁業権の取得について、総会の権限を行うことができる。

◆注解

改正前の百七条（委員の任期及び解任）が改正後は第百四十九条となり、改正後の第百七条は文字通りの新設であり、平成三十年六月十五日に閣議決定された「規制改革実施計画」で、「3．水産分野」「養殖・沿岸漁業の発展に資する海水面利用制度の見直し」の項で、「団体漁業権に関係する個別漁業者が当該団体の構成員の一部である場合には、当該団体漁業権に関係する地区の漁業者からなる地区部会を当該団体の中に常設し、当該地区部会が漁業権行使規則を制定し運用する」と明記されたことに対応するものです。

（4）登録制度

◆条文

【旧第五十条（登録）】

1　漁業権、これを目的とする先取特権、抵当権及び入漁権の設定、保存、移転、変更、消滅及び処分の制限並びに第三十九条第一項又は第二項の規定による漁業権の行使の停止及びその解除は、免許漁業原簿に登録する。
2　前項の登録は、登記に代るものとする。
3　免許漁業原簿については、行政機関の保有する情報の公開に関する法律（平成十一年法律第四十二号）の規定は、適用しない。
4　免許漁業原簿に記録されている保有個人情報（行政機関の保有する個人情報の保護に関する法律（平成十五年法律第五十八号）第二条第五項に規定する保有個人情報をいう。）については、同法第四章の規定は、適用しない。
5　前各項に規定するもののほか、登録に関して必要な規定は、政令で定める。

【新第百十七条（登録）】
1　漁業権並びにこれを目的とする先取特権、抵当権及び入漁権の設定、取得、保存、移転、変更、消滅及び処分の制限並びに第九十二条第二項又は第九十三条第一項の規定による漁業権の行使の停止及びその解除は、免許漁業原簿に登録する。
2　前項の規定による登録は、登記に代わるものとする。
3　第二十条第二項から第四項までの規定は、免許漁業原簿について準用する。
4　前三項に規定するもののほか、第一項の規定による登録に関して必要な事項は、政令で定める。

◆**註解**

改正前の第五十条は削除され、改正後は第百十七条が新たに設けられましたが、実質的には引き継がれています。但し、第百十七条第三項における第二十条第四項【本書五四頁参照】の準用により、電磁的記録で作成することができるようになります。

尚、この条項に関連して、改正により新設された第八十三条（登録した権利者の同意）は、削除された第三十条の文言の一部が改められましたが、内容に変更はありません【本書一四九頁参照】。

（5）裁判所の管轄

◆条文

【旧第五十一条（裁判所の管轄）】

裁判所の土地の管轄が不動産所在地によつて定まる場合には、漁場に最も近い沿岸の属する市町村を不動産所在地とみなす。

【新第百十八条（裁判所の管轄）】

裁判所の土地の管轄が不動産所在地によつて定まる場合には、漁場に最も近い沿岸の属する市町村を不動産所在地とみなす。

◆註解

今回の改正により削除された旧第五十一条と、新設された第百十八条は、全く同一の条文であり、実質的に引き継がれています。

第五節　沿岸漁場管理

今回の改正により、削除された旧第百九条乃至第第百十六条に代わって、新たに第百九条乃至第百十六条が設けられました。これは平成三十年六月十五日に閣議決定された「規制改革実施計画」で、「3．水産分野」「養殖・沿岸漁業の発展に資する海水面利用制度の見直し」の項で、次のように決定されたことに対応するものです。

> ○沿岸水域の良好な漁場の維持と漁業生産力の維持・向上のための漁場管理を都道府県の責務として法定する。その上で、都道府県は、漁場管理の業務を適切な管理能力のある漁協等にルールを定めて委ねることができる制度を創設する。
>
> ○漁場管理の業務を委ねられた者は、そのルールの範囲内で、業務の実施方法等を定めた漁場管理規程を策定し、都道府県の認可を受けるものとし、業務の実施状況を都道府県に報告する。業務に関し漁協等のメンバー以外から費用を徴収する必要がある場合は、漁場管理規程には、漁場管理に要する費用の使途、負担の積算根拠を明示することとし、毎年度その使途に関する収支状況を公表するものとする。

(1) 沿岸漁場管理団体の指定

◆条文

【新第百九条（沿岸漁場管理団体の指定）】

1　都道府県知事は、海区漁場計画に基づき、当該海区漁場計画で設定した保全沿岸漁場ごとに、漁業協同組合若しくは漁業協同組合連合会又は一般社団法人若しくは一般財団法人であつて、次に掲げる基準に適合すると認められるものを、その申請により、沿岸漁場管理団体として指定することができる。

一　次条に規定する適格性を有する者であること。

二　役員又は職員の構成が、保全活動の実施に支障を及ぼすおそれがないものであること。
三　保全活動以外の業務を行つている場合には、その業務を行うことによつて保全活動の適正かつ確実な実施に支障を及ぼすおそれがないこと。
2　都道府県知事は、保全活動の適切な実施を確保するために必要があると認めるときは、前項の規定による指定をするに当たり、条件を付けることができる。
3　都道府県知事は、第一項の規定により沿岸漁場管理団体を指定しようとするときは、海区漁業調整委員会の意見を聴かなければならない。

◆注解

今回の改正により都道府県が沿岸漁場管理の業務を漁協等に委ねることができる制度が創設され、新設された第百九条第一項により、都道府県知事は、海区漁場計画に基づき、保全沿岸漁場ごとに、一定の基準に適合する漁業協同組合等を、その申請により、沿岸漁場管理団体として指定することができることになります。

(2) 沿岸漁場管理団体の適格性

◆条文

【新第百十条（沿岸漁場管理団体の適格性）】

沿岸漁場管理団体の適格性を有する者は、次の各号のいずれにも該当しない者とする。
一　その役員又は政令で定める職員のうちに暴力団員等がある者であること。
二　暴力団員等がその事業活動を支配する者であること。
三　適確な経理その他保全活動を適切に実施するために必要な能力を有すると認められないこと。

◆**註解**

新設された第百十条の主眼は、沿岸漁場が暴力団等により支配されることがないように反社会的勢力を排除して、適切な管理を実施することにあります。

（3）沿岸漁場管理規程

◆**条文**

【新第百十一条（沿岸漁場管理規程）】

1　沿岸漁場管理団体は、沿岸漁場管理規程を定め、都道府県知事の認可を受けなければならない。

2　沿岸漁場管理規程には、次に掲げる事項を規定するものとする。

一　水産動植物の生育環境の保全又は改善の目標

二　保全活動を実施する区域及び期間

三　保全活動の内容

四　保全活動の実施に関し遵守すべき事項

五　保全活動に従事する者（第八号において「活動従事者」という。）のうち保全沿岸漁場において漁業を営む者及びその他の者の役割分担その他保全活動の円滑な実施の確保に関する事項

六　保全活動により保全沿岸漁場において漁業を営む者その他の者が受けると見込まれる利益の内容及び程度

七　前号の利益を受けることが見込まれる者の範囲

八　保全活動に要する費用の見込みに関する事項（当該費用の一部の負担について前号の者（活動従事者を

除く。以下この節において「受益者」という。）に協力を求めようとするときは、その額及び算定の根拠並びに使途を含む。）

九　前各号に掲げるもののほか、保全活動に関する事項であつて農林水産省令で定めるもの

3　沿岸漁場管理団体は、沿岸漁場管理規程を変更しようとするときは、都道府県知事の認可を受けなければならない。

4　第一項又は前項の認可の申請があつたときは、都道府県知事は、海区漁業調整委員会の意見を聴かなければならない。

5　都道府県知事は、沿岸漁場管理規程の内容が次の各号のいずれにも該当するときは、認可をしなければならない。

一　保全活動を効果的かつ効率的に行う上で的確であると認められるものであること。

二　不当に差別的なものでないこと。

三　受益者に第二項第八号の協力（第百十三条及び第百十四条において単に「協力」という。）を求めようとするときは、その額が利益の内容及び程度に照らして妥当なものであること。

6　都道府県知事は、第一項又は第三項の認可をしたときは、沿岸漁場管理団体の名称その他の農林水産省令で定める事項を公示しなければならない。

◆**註解**

新設された第百十一条第一項により、沿岸漁場管理団体は沿岸漁場管理規程を定め、都道府県知事の認可を受けることを義務付けられています。この規程で定めるべき事項は、同条第二項各号で定められています。

（4）沿岸漁場管理団体の義務

◆条文

【新第百十二条（沿岸漁場管理団体の活動）】

1　沿岸漁場管理団体は、沿岸漁場管理規程に基づいて保全活動を行うものとする。

2　沿岸漁場管理団体は、農林水産省令で定めるところにより、保全活動の実施状況、収支状況その他の農林水産省令で定める事項を都道府県知事に報告しなければならない。

3　都道府県知事は、保全活動の実施状況、収支状況その他の農林水産省令で定める事項を海区漁業調整委員会に報告するとともに、公表するものとする。

◆註解

沿岸漁場管理団体は、新設された第百十二条第一項により沿岸漁場管理規程に基づいて保全活動を行うこと、また第二項により保全活動の実施状況や収支状況等を都道府県知事に報告することが義務付けられています。

（5）保全活動への協力のあっせん

◆条文

【新第百十三条（保全活動への協力のあっせん）】

1　沿岸漁場管理団体は、保全活動の実施に当たり、受益者の協力が得られないときは、都道府県知事に対し、当該協力を得るために必要なあっせんをすべきことを求めることができる。

2　都道府県知事は、前項の規定によりあっせんを求められた場合において、当該受益者の協力が特に必要であると認めるときは、あつせんをするものとする。

【新第百十四条（協力が得られない場合の措置）】

1　前条第二項のあつせんを受けたにもかかわらず、なお受益者の協力が得られないことにより沿岸漁場管理団体が保全活動を実施する上で支障が生じている場合において、第六十四条第一項（同条第八項において準用する場合を含む。）の規定により沿岸漁場管理団体がその支障の除去に関する意見を述べたときは、都道府県知事は、海区漁場計画を定め、又は変更するに当たり、当該意見を尊重するものとする。

2　都道府県知事は、前条第二項のあつせんをしたにもかかわらず、なお受益者（保全沿岸漁場において漁業を営む者に限る。）の協力が得られないことにより沿岸漁場管理団体が保全活動を実施する上で支障が生じていると認めるときは、第五十八条において準用する第四十四条第一項若しくは第二項の規定又は第八十六条第一項、第九十三条第一項若しくは第百十九条第一項若しくは第二項の規定により必要な措置を講ずるものとする。

◆**注解**

新設された第百十三条第一項により、沿岸漁場管理団体は、保全活動の実施に受益者の協力が得られないときは、都道府県知事に対しあつせんをすべきことを求めることができます。

また新設の第百十四条第二項により、都道府県知事があつせんをしたにもかかわらず、受益者の協力が得られないことにより沿岸漁場管理団体が保全活動を実施する上で支障が生じている場合に講じられるべき措置が定められています。

（6）指定の失効・取消

◆条文

【新第百十五条（保全活動の休廃止）】

1　沿岸漁場管理団体は、都道府県知事の認可を受けなければ、沿岸漁場管理規程に基づく保全活動の全部又は一部を休止し、又は廃止してはならない。

2　都道府県知事が前項の規定により保全活動の全部の廃止を認可したときは、当該沿岸漁場管理団体の指定は、その効力を失う。

3　都道府県知事は、第一項の認可をしたときは、その旨を公示しなければならない。

【新第百十六条（指定の取消し等）】

1　都道府県知事は、沿岸漁場管理団体が保全活動を適切に行つておらず、又は第百九条第二項の規定により付けた条件を遵守していないと認めるときは、当該沿岸漁場管理団体に対して、保全活動を適切に行うべき旨又は当該条件を遵守すべき旨を勧告するものとする。

2　都道府県知事は、沿岸漁場管理団体が第百十条に規定する適格性を有する者でなくなつたときは、その指定を取り消さなければならない。

3　都道府県知事は、第一項の規定による勧告を受けた沿岸漁場管理団体がその勧告に従わないときは、その指定を取り消すことができる。

4　前二項の場合には、第八十九条第三項から第七項までの規定を準用する。

**註解**

沿岸漁場管理団体の使命は保全活動を行うことであり、その使命を果たさなければ、新設された第百十五条又は第百十六条が適用され、指定の失効や取消という処分を受けることになります。

第六部　漁業調整

（1）大臣又は知事の命令

◆条文

【旧第六十五条➡新第百十九条（漁業調整に関する命令）】

1　農林水産大臣又は都道府県知事は、漁業取締りその他漁業調整のため、特定の種類の水産動植物であつて農林水産省令若しくは規則で定めるものの採捕を目的として営む漁業若しくは特定の漁業の方法であつて農林水産省令若しくは規則で定めるものにより営む漁業（水産動植物の採捕に係るものに限る。）を禁止し、又はこれらの漁業について、農林水産省令若しくは規則で定めるところにより、農林水産大臣若しくは都道府県知事の許可を受けなければならないこととすることができる。

2　農林水産大臣又は都道府県知事は、漁業取締りその他漁業調整のため、次に掲げる事項に関して必要な農林水産省令又は規則を定めることができる。

一　水産動植物の採捕又は処理に関する制限又は禁止（前項の規定により漁業を営むことを禁止すること及び農林水産大臣又は都道府県知事の許可を受けなければならないこととすることを除く。）

二　水産動植物若しくはその製品の販売又は所持に関する制限又は禁止

三　漁具又は漁船に関する制限又は禁止

四　漁業者の数又は資格に関する制限

3　前項の規定による農林水産省令又は規則には、必要な罰則を設けることができる。

4　前項の罰則に規定することができる罰は、農林水産省令にあつては二年以下の懲役、五十万円以下の罰金、拘留若しくは科料又はこれらの併科、規則にあつては六月以下の懲役、十万円以下の罰金、拘留若しくは科料又はこれらの併科とする。

5　第二項の規定による農林水産省令又は規則には、犯人が所有し、又は所持する漁獲物、その製品、漁船及び漁具その他水産動植物の採捕又は養殖の用に供される物の没収並びに犯人が所有していたこれらの物件の全部又は一部を没収することができない場合におけるその価額の追徴に関する規定を設けることができる。

6　農林水産大臣は、第一項及び第二項の農林水産省令を定めよう制定し、又は改廃しようとするときは、水産政策審議会の意見を聴かなければならない。

7　都道府県知事は、第一項及び第二項の規則を定めよう制定し、又は改廃しようとするときは、農林水産大臣の認可を受けなければならない。

8　都道府県知事は、第一項及び第二項の規則を定めよう制定し、又は改廃しようとするときは、第八十四条第一項に規定する海面に係るものにあつては関係海区漁業調整委員会の意見を、内水面に係るものにあつては内水面漁場管理委員会の意見を聴かなければならない。

◆注解

改正後の第百十九条（漁業調整に関する命令）は、改正前の第六十五条の条番号と文言の一部を改めたもので、第一項及び第二項の条文から、「漁業取締りその他」という文言が削除され、漁業調整に一本化されました。

そのほかの変更点を挙げると、第五項の条文中、「水産動植物の採捕」という文言に「又は養殖」という文言が追加されました。また第六項乃至第七項の条文では、省令や規則の改廃の手続が追加されました。

（2）漁業調整委員会の指示

◆条文

【旧第六十七条⬇新第百二十条（海区漁業調整委員会又は連合海区漁業調整委員会の指示）】

1　海区漁業調整委員会又は連合海区漁業調整委員会は、水産動植物の繁殖保護を図り、漁業権（第六十条第一項に規定する漁業権をいう。以下同じ。）又は入漁権（同条第七項に規定する入漁権をいう。次条第一項において同じ。）の行使を適切にし、漁場の使用に関する紛争の防止又は解決を図り、その他漁業調整のために必要があると認めるときは、関係者に対し、水産動植物の採捕に関する制限又は禁止、漁業者の数に関する制限、漁場の使用に関する制限その他必要な指示をすることができる。

2　前項の規定による海区漁業調整委員会の指示が同項の規定による連合海区漁業調整委員会の指示に抵触するときは、当該海区漁業調整委員会の指示は、抵触する範囲においてその効力を有しない。

3　都道府県知事は、海区漁業調整委員会又は連合海区漁業調整委員会に対し、第一項の指示について必要な指示をすることができる。この場合には、都道府県知事は、あらかじめ、農林水産大臣に当該指示の内容を通知するものとする。

4　第一項の場合において、都道府県知事は、その指示が妥当でないと認めるときは、その全部又は一部を取り消すことができる。

5　第一項の規定による指示については、~~第十一条第六項~~第八十六条第三項の規定を準用する。この場合において、同項中「都道府県知事」とあるのは、「海区漁業調整委員会又は連合海区漁業調整委員会」と読み替えるものとする。

6　前項において準用する~~第十一条第六項~~第八十六条第三項の規定による指示に従つてされた第一項の指示については、第四項の規定は適用しない。

7　農林水産大臣は、第五項において準用する~~第十一条第六項~~第八十六条第三項の規定により指示をしようとするときは、あらかじめ、関係都道府県知事に当該指示の内容を通知しなければならない。ただし、地方自治法（昭和二十二年法律第六十七号）第二百五十条の六第一項の規定による通知をした場合は、この限りでない。

8　第一項の指示を受けた者がこれに従わないときは、海区漁業調整委員会又は連合海区漁業調整委員会は、都道府県知事に対して、その者に当該指示に従うべきことを命ずべき旨を申請することができる。

9　都道府県知事は、前項の申請を受けたときは、その申請に係る者に対して、異議があれば一定の期間内に申し出るべき旨を催告しなければならない。

10　前項の期間は、十五日を下ることができない。

11　第九項の場合において、同項の期間内に異議の申出がないとき又は異議の申出に理由がないときは、都道府県知事は、第八項の申請に係る者に対し、第一項の指示に従うべきことを命ずることができる。

12　都道府県知事が前項の規定による命令をしない場合には、~~第十一条第六項~~第八十六条第三項の規定を準用する。

【旧第六十八条➡新第百二十一条（広域漁業調整委員会の指示）】

1　広域漁業調整委員会は、都道府県の区域を超えた広域的な見地から、水産動植物の繁殖保護を図り、漁業権又は入漁権（~~第百三十六条~~第百八十三条の規定により農林水産大臣が自ら都道府県知事の権限を行う漁場に係る漁業権又は入漁権に限る。）の行使を適切にし、漁場（同条の規定により農林水産大臣が自ら都道府県知事の権限を行うものに限る。）の使用に関する紛争の防止又は解決を図り、その他漁業調整のために必要があると認めるときは、関係者に対し、水産動植物の採捕に関する制限又は禁止、漁業者の数に関する制限、漁場の使用に関する制限その他必要な指示をすることができる。

2　前条第一項の規定による海区漁業調整委員会又は連合海区漁業調整委員会の指示が前項の規定による広域漁業調整委員会の指示に抵触するときは、当該海区漁業調整委員会又は連合海区漁業調整委員会の指示は、抵触する範囲においてその効力を有しない。

3　農林水産大臣は、広域漁業調整委員会に対し、第一項の指示について必要な指示をすることができる。

4　第一項の規定による指示については、前条第四項及び第八項から第十一項までの規定を準用する。この場合において、同条第四項、第八項、第九項及び第十一項中「都道府県知事」とあるのは「農林水産大臣」と、同条第八項中「海区漁業調整委員会又は連合海区漁業調整委員会」とあるのは「広域漁業調整委員会」と読み替えるものとする。

◆**注解**

改正後の第百二十条及び第百二十一条は、改正前の第六十七条及び第六十八条の条番号と文言の一部を改めたもので、内容に変更はありません。

(3) 漁場又は漁具等の標識

◆**条文**

【旧第七十二条（漁場又は漁具の標識）➡新第百二十二条（漁場又は漁具等の標識）】

都道府県知事は、漁業者、漁業協同組合又は漁業協同組合連合会に対して、漁場の標識の建設又は漁具その他水産動植物の採捕若しくは養殖の用に供される物の標識の設置を命ずることができる。

◆**注解**

改正後の第百二十二条は、改正前の第七十二条の条番号と見出しと文言の一部を改めたもので、標識の設置対象が漁具だけでなく、「水産動植物の採捕若しくは養殖の用に供される物」に拡張されました。

（4）適用範囲の拡張

◆**条文**

【旧第七十三条➡新第百二十三条（公共の用に供しない水面）】

公共の用に供しない水面であつて公共の用に供する水面又は第四条の水面に通ずるものには、命令をもつて~~第六十五条（漁業調整に関する命令）~~第百十九条の規定及びこれに係る罰則を適用することができる。

◆**注解**

改正後の第百二十三条は、改正前の第七十三条の条番号と文言の一部を改めたもので、内容に変更はありません。

尚、この規定は、第三条及び第四条【本書二八頁参照】で定められている漁業法の適用範囲を拡張するものです。

（5）資源管理協定

◆**条文**

【新百二十四条（協定の締結）】

1　漁業者は、漁獲割当管理区分以外の管理区分（第七条第二項に規定する管理区分をいう。）における特定水産資源又は特定水産資源以外の水産資源の保存及び管理に関して、協定を締結し、農林水産省令の定めるところにより、農林水産大臣又は都道府県知事に提出して、当該協定が適当である旨の認定を受けることができる。

2　前項の協定（以下この章において単に「協定」という。）においては、次に掲げる事項を定めるものとする。

一　協定の対象となる水域並びに水産資源の種類及び漁業の種類

二　協定の対象となる種類の水産資源の保存及び管理の方法

三　協定の有効期間

四　協定に違反した場合の措置

五　その他農林水産省令で定める事項

【新百二十五条（協定の認定等）】

農林水産大臣又は都道府県知事は、前条第一項の認定の申請に係る協定の内容が次の各号のいずれにも該当すると認めるときは、同項の認定をするものとする。

一　資源管理基本方針又は都道府県資源管理方針に照らして適当なものであること。

二　不当に差別的でないこと。

三　この法律及びこの法律に基づく命令その他関係法令に違反するものでないこと。

四　特定水産資源を対象とする協定にあつては、当該特定水産資源に係る大臣管理漁獲可能量又は知事管理漁獲可能量を超えないように漁獲量の管理を行うために効果的なものであると認められるものであること。

五　特定水産資源以外の水産資源を対象とする協定にあつては、この法律及びこの法律に基づく命令その他関係法令により漁業者が遵守しなければならない措置以外に当該水産資源の保存及び管理に効果的と認められる措置が定められていること。

六　その他農林水産省令で定める基準を満たしていること。

【新第百二十六条（協定への参加のあつせん等）】

1　第百二十四条第一項の認定を受けた協定（以下この条及び次条において「認定協定」という。）に参加している者は、認定協定の対象となる水域において認定協定の対象となる種類の水産資源について認定協定の対象となる種類の漁業を営む者であつて認定協定に参加していないものに対し認定協定を示して参加を求めた場合においてその参加を承諾しない者があるときは、農林水産省令で定めるところにより、同項の認定をした農林水産大臣又は都道府県知事に対し、その者の承諾を得るために必要なあつせんをすべきことを求めることができる。

2　農林水産大臣又は都道府県知事は、前項の規定による申請があつた場合において、認定協定に参加していない者の認定協定への参加が前条第一項の規定に照らして相当であり、かつ、認定協定の内容からみてその者に対し参加を求めることが特に必要であると認めるときは、あつせんをするものとする。

3　認定協定に参加している者は、その数が認定協定の対象となる水域において認定協定の対象となる水産資源について認定協定の対象となる種類の漁業を営む者の全ての数の三分の二以上であつて農林水産省令で定める割合を超えていることその他の農林水産省令で定める基準に該当するときは、農林水産省令で定めるところにより、農林水産大臣又は都道府県知事に対し、認定協定の目的を達成するために必要な措置を講ずべきことを求めることができる。

4　農林水産大臣又は都道府県知事は、前項の規定による申出があつた場合において、資源管理のために必要があると認めるときは、その申出の内容を勘案して、第四十四条第一項若しくは第二項（これらの規定を第五十八条において準用する場合を含む。）、第五十五条第一項、第八十六条第一項若しくは第三項、第九十三条第一項若しくは第四項又は第百十九条第一項若しくは第二項の規定により必要な措置を講ずるものとする。

【新第百二十七条（実施状況の報告）】

農林水産大臣又は都道府県知事は、認定協定に参加している者に対し、認定協定の実施状況について報告を求めることができる。

◆註解

改正前の第百二十四条乃至第百二十七条が改正後は第百六十四号乃至第百六十六号という条番号に改められ、新たに第百二十四条乃至第百二十七条が設けられました。

ところで、海洋水産資源開発促進法の「第四章　海洋水産資源の自主的な管理に関する協定」では、資源管理協定に関する規定が設けられており、同法第十三条乃至第十五条は、改正後の漁業法第百二十四条乃至第百二十六条の先例となっています。

【海洋水産資源開発促進法「第四章　海洋水産資源の自主的な管理に関する協定」】

第十三条（資源管理協定の締結）

1　漁業者団体等は、一定の海域において海洋水産資源の利用の合理化を図るため、当該海域における海洋水産資源の自主的な管理に関する協定（以下「資源管理協定」という。）を締結し、当該資源管理協定が適当である旨の行政庁の認定を受けることができる。

2　資源管理協定においては、次に掲げる事項を定めるものとする。

一　資源管理協定の対象となる海域並びに海洋水産資源及び漁業の種類

二　海洋水産資源の管理の方法
三　資源管理協定の有効期間
四　資源管理協定に違反した場合の措置
五　その他農林水産省令で定める事項

第十四条（資源管理協定の認定等）
1　行政庁は、前条第一項の認定の申請が次の各号のすべてに該当するときは、同項の認定をするものとする。
一　前条第二項第一号から第三号までに掲げる事項が基本方針において定められた第三条第二項第三号イの指針に適合するものであること。
二　資源管理協定の内容が不当に差別的でないこと。
三　資源管理協定の内容がこの法律及びこの法律に基づく命令その他関係法令に違反するものでないこと。
四　その他政令で定める基準
2　前項に規定するもののほか、資源管理協定の認定（資源管理協定の変更の認定を含む。）及びその取消し並びに資源管理協定の廃止に関し必要な事項は、政令で定める。

第十五条（認定資源管理協定への参加のあつせん）
1　第十三条第一項の認定を受けた資源管理協定（以下「認定資源管理協定」という。）に参加している漁業者団体等は、認定資源管理協定の対象となる海域において認定資源管理協定の対象となる種類の海洋水産資源を利用する漁業を営む者（認定資源管理協定の対象となる種類の漁業により利用するものに限る。以下「特定漁業者」という。）又はその団体であつて認定資源管理協定に参加していないものに対し認定資源管理協定を示して参加を求めた場合においてその参加を承諾しない者があるときは、農林水産省令で定めるところにより、行政庁に対し、その者の承諾を得るために必要なあつせんをすべきことを求めることができる。

2　行政庁は、前項の規定による申請があつた場合において、認定資源管理協定に参加していない者の認定資源管理協定への参加が前条第一項の規定に照らして相当であり、かつ、認定資源管理協定の内容からみてその者に対し参加を求めることが特に必要であると認めるときは、あつせんをするものとする。

因みに、水産庁ホームページの「水産資源の保護、漁場の円滑な利用のための自主規制」と題するＷｅｂページでは、「資源管理協定（海洋水産資源開発促進法）」という見出しの下に、次のように記載されています。

> 漁業者団体（漁協、漁連等）が資源の適切な管理のため、自主的に、海域、対象漁業種類、対象魚種、管理の方法（体長制限、禁止区域、禁止期間等）を定めているものです。法律に基づき、都道府県知事又は農林水産大臣の認定を受けているものもあります。特に、全ての漁業種類で取り組まれている体長制限などについては、遊漁者も協力するようにしましょう。

（https://www.jfa.maff.go.jp/j/yugyo/y_kisei/jisyu_kisei/）

第七部　漁業取締

（1） 漁業監督公務員

◆条文

【旧第七十四条⬇新第百二十八条（漁業監督公務員）】

1　農林水産大臣又は都道府県知事は、所部の職員の中から漁業監督官又は漁業監督吏員を命じ、漁業に関する法令の励行に関する事務をつかさどらせる。

2　漁業監督官の資格について必要な事項は、政令で定める。

3　漁業監督官又は漁業監督吏員は、必要があると認めるときは、漁場、船舶、事業場、事務所、~~倉庫等~~倉庫その他の場所に臨んでその状況若しくは帳簿書類その他の物件を検査し、又は関係者に対し質問をすることができる。

4　漁業監督官又は漁業監督吏員がその職務を行う場合には、その身分を証明する証票を携帯し、要求があるときはこれを~~呈示しなければ~~提示しなければならない。

5　漁業監督官及び漁業監督吏員であつてその所属する官公署の長がその者の主たる勤務地を管轄する地方裁判所に対応する検察庁の検事正と協議をして指名したものは、漁業に関する罪に関し、刑事訴訟法（昭和二十三年法律第百三十一号）の規定による司法警察員として職務を行う。

【旧第七十四条の二⬇新第百二十九条（漁業監督官と漁業監督吏員の協力）】

1　農林水産大臣は、捜査上特に必要があると認めるときは、都道府県知事に対し、特定の事件につき、当該都道府県の漁業監督吏員を漁業監督官に協力させるべきことを求めることができる。この場合においては、当該漁業監督吏員は、捜査に必要な範囲において、農林水産大臣の指揮監督を受けるものとする。

２　都道府県知事は、捜査上特に必要があると認めるときは、農林水産大臣に対し、特定の事件につき、漁業監督官の協力を申請することができる。この場合においては、農林水産大臣は、適当と認めるときは、当該漁業監督官を協力させるものとする。

【旧第七十四条の三➡新第百三十条（漁業監督吏員と都道府県の区域）】

漁業監督吏員は、前条に規定する場合のほか、捜査のため必要がある場合において、農林水産大臣の許可を受けたときは、当該都道府県の区域外においても、その職務を行うことができる。

◆**註解**

改正後の第百二十八条（漁業監督公務員）は、改正前の第七十四条の条番号と文言の一部を改めたもので、内容に変更はありません。また、改正後の第百二十九条及び第百三十条は、改正前の第七十四条の二及び同条の三の条番号を変えただけで、文字通りの承継です。

尚、漁業監督公務員というのは、水産庁の漁業監督官と都道府県の漁業監督吏員の総称であり、第百二十八条第三項により、「必要があると認めるときは、漁場、船舶、事業場、事務所、倉庫等に臨んでその状況若しくは帳簿書類その他の物件を検査し、又は関係者に対し質問をする」権限があります。また漁業監督公務員の中には、同条第五項により「司法警察員として職務を行う」者がいます。

（２）停泊命令等

◆**条文**

【新第二十七条（停泊命令等）】【本書五七頁既出】

【新第三十四条（停泊命令等）】【本書六五頁既出】

【新第百三十一条（停泊命令等）】

1　農林水産大臣又は都道府県知事は、漁業者その他水産動植物を採捕し、又は養殖する者が漁業に関する法令の規定又はこれらの規定に基づく処分に違反する行為をしたと認めるとき（第二十七条及び第三十四条に規定する場合を除く。）は、当該行為をした者が使用する船舶について停泊港及び停泊期間を指定して停泊を命じ、又は当該行為に使用した漁具その他水産動植物の採捕若しくは養殖の用に供される物について期間を指定してその使用の禁止若しくは陸揚げを命ずることができる。

2　農林水産大臣又は都道府県知事は、前項の規定による処分（第二十五条第一項の規定に違反する行為に係るものを除く。）をしようとするときは、行政手続法第十三条第一項の規定による意見陳述のための手続の区分にかかわらず、聴聞を行わなければならない。

3　第一項の規定による処分に係る聴聞の期日における審理は、公開により行わなければならない。

◆**註解**

今回の改正により新設された第二十七条及び第三十四条並びに第百三十一条により、農林水産大臣又は都道府県知事は、「年次漁獲割当量設定者が…（中略）…その設定を受けた年次漁獲割当量を超えて特定水産資源の採捕をし、かつ、当該採捕を引き続きするおそれがあるとき」（第二十七条）、「前条【編集者註：第三十三条（採捕の停止等）】の命令を受けた者が当該命令に違反する行為をし、かつ、当該行為を引き続きするおそれがあるとき」（第三十四条）、「漁業者その他水産動植物を採捕し、又は養殖する者が漁業に関する法令の規定又はこれらの規定に基づく処分に違反する行為をしたと認めるとき」（第百三十一条第一項）は、「当該行為をした者が使用する船舶について停泊港及び停泊期間を指定して停泊を命じ、又は当該行為に使用した漁具その他水産動植物【編集者註：第二十七条及び第三十四条では「特定水産資源」】の採捕若しくは養殖の用に供される物について期間を指定してその使用の禁止若しくは陸揚げを命ずる」権限を付与されています。

（３）密猟対策

◆条文

【新第百三十二条（特定水産動植物の採捕の禁止）】

１　何人も、特定水産動植物（財産上の不正な利益を得る目的で採捕されるおそれが大きい水産動植物であつて当該目的による採捕が当該水産動植物の生育又は漁業の生産活動に深刻な影響をもたらすおそれが大きいものとして農林水産省令で定めるものをいう。次項第四号及び第百八十九条において同じ。）を採捕してはならない。

２　前項の規定は、次に掲げる場合には、適用しない。

一　漁獲割当管理区分において年次漁獲割当量設定者がその設定を受けた年次漁獲割当量の範囲内において採捕する場合

二　第三十六条第一項、第五十七条第一項、第八十八条第一項（同条第五項において準用する場合を含む。）又は第百十九条第一項の規定による許可を受けた者が当該許可に基づいて漁業を営む場合

三　漁業権又は組合員行使権を有する者がこれらの権利に基づいて漁業を営む場合

四　前三号に掲げる場合のほか、当該特定水産動植物の生育及び漁業の生産活動への影響が軽微な場合として農林水産省令で定める場合

【新第百八十九条】

次の各号のいずれかに該当する者は、三年以下の懲役又は三千万円以下の罰金に処する。

一　第百三十二条第一項の規定に違反して特定水産動植物を採捕した者

二　前号の犯罪に係る特定水産動植物又はその製品を、情を知つて運搬し、保管し、有償若しくは無償で取得し、又は処分の媒介若しくはあつせんをした者

◆註解

改正前の第百三十二条（準用規定）が改正後は第百七十三号という条番号に改められ【本書二五二頁参照】、新たに第百三十二条（特定水産動植物の採捕の禁止）が設けられました。また、罰則規定として、新たに第百八十九条が設けられました。更に同条が適用される場合は、第百九十二条【本書二七一頁参照】が適用されます。

これらの条文に関連して、平成三十年十一月二十一日に開催された吉川貴盛農林水産大臣が衆議院の農林水産委員会で、「密漁対策の強化として、財産上の不正な利益を得る目的による採捕が漁業の生産活動等に深刻な影響をもたらすおそれが大きい水産動植物の採捕を原則として禁止するなど、密漁者に対する罰則を強化することとしております」と説明したことが国会会議録に記載されています。

第八部　漁業調整委員会

第一節　総則

（1）漁業調整委員会の種類

◆条文

【旧第八十二条➡新第百三十四条（漁業調整委員会）】

1　漁業調整委員会は、海区漁業調整委員会、連合海区漁業調整委員会及び広域漁業調整委員会とする。

2　海区漁業調整委員会は都道府県知事の監督に、連合海区漁業調整委員会はその設置された海区を管轄する都道府県知事の監督に、広域漁業調整委員会は農林水産大臣の監督に属する。

◆注解

改正後の第百三十四条（漁業調整委員会）は、改正前の第八十二条の条番号だけ改めたもので、全く同一の条文です。従って、漁業調整委員会の制度は、改正後も基本的に維持されます。

（2）所掌事項

◆条文

【旧第八十三条➡新第百三十五条（所掌事項）】

漁業調整委員会は、その設置された海区又は海域の区域内における漁業に関する事項を処理する。

◆注解

改正後の第百三十五条（所掌事項）は、改正前の第八十三条の条番号だけ改めたもので、全く同一の条文です。

（3）費用

◆条文

【旧第百十八条⬇新第百五十九条（漁業調整委員会の費用）】

1　国は、漁業調整委員会（広域漁業調整委員会を除く。次項において同じ。）に関する費用の財源に充てるため、都道府県に対し、交付金を交付する。

2　農林水産大臣は、前項の規定による都道府県への交付金の交付については、各都道府県の海区の数、海面において漁業を営む者の数及び海岸線の長さを基礎とし、海面の利用の状況その他の各都道府県における漁業調整委員会の運営に関する特別の事情を考慮して政令で定める基準に従つて決定しなければならない。

◆註解

改正後の第百五十九条（漁業調整委員会の費用）は、改正前の第百十八条の条番号だけ改めたもので、全く同一の条文です。

因みに、水産庁ホームページの「平成二十八年度 補助事業等 水産庁」と題するＷｅｂページで「非公共事業」の内、「三十一 漁業調整委員会等交付金」と題する文書では、「一 趣旨」という見出しの下に、次のように記載されています。

> 漁業法の目的である「漁業者及び漁業従事者を主体とする漁業調整機構の運用によって水面を総合的に利用し、もって漁業生産力を発展させ、あわせて漁業の民主化を図る」ため、漁業調整機構である漁業調整委員会等が行う漁場計画の樹立、漁業の免許、漁業調整規則の制定改正等に関する都道府県知事

からの諮問に対する答申、紛争の調整及びこれら紛争の未然防止を図るための指示、裁定、報告の徴収及び立入検査等に関する事務は、（1）漁業者に限らず水産動植物を採捕しようとする一般国民全てを対象とし、極めて社会的影響が大きいことや対象となる水産資源は広範な地域に分布回遊しているため、全国的にも一定の統一性と水準を確保する必要があり、（2）漁業者の選挙によって選ばれた委員等によって構成される委員会が都道府県知事部局とは独立してその機能を十分発揮し、公正妥当な事務処理を行っていくため、財政上も一定の基盤が必要である。

　このため、国全体としての所要の統一性と一定水準を確保し、我が国沿岸域における漁業秩序の維持に努めるとともに、地域の実情に応じたきめ細かい漁業調整を行っている漁業調整委員会等の運営に関する基礎的経費である交付金を交付する必要がある。

(https://www.maff.go.jp/j/aid/attach/pdf/h28hojyo_suisan-14.pdf)

（4）委任規定

◆条文

【旧第百十九条⬇新第百六十条（委任規定）】

　この章に規定するもののほか、漁業調整委員会に関して必要な事項は、政令で定める。

◆註解

改正後の第百六十条（委任規定）は、改正前の第百十九条の条番号だけ改めたもので、全く同一の条文です。

（5）報告徴収等

◆条文

【旧百十六条⬇新第百五十七条（報告徴収等）】

1　漁業調整委員会又は水産政策審議会は、この法律の規定によりその権限に属させられた事項を処理するために必要があると認めるときは、漁業者、漁業従事者その他関係者に対しその出頭を求め、若しくは必要な報告を徴し、又は委員若しくは委員会若しくは審議会の事務に従事する者をして漁場、船舶、事業場若しくは事務所について所要の調査をさせることができる。

2　漁業調整委員会又は水産政策審議会は、この法律の規定によりその権限に属させられた事項を処理するために必要があると認めるときは、その委員又は委員会若しくは審議会の事務に従事する者をして他人の土地に立ち入つて、測量し、検査し、又は測量若しくは検査の障害になる物を移転し、若しくは除去させることができる。

~~3　前項の場合には、第三十九条第六項から第十一項まで（損失補償）の規定を準用する。この場合において、同条第六項、第十項及び第十一項中「都道府県」とあるのは「広域漁業調整委員会又は水産政策審議会にあつては国、その他の場合にあつては都道府県」と、同条第八項中「都道府県知事が海区漁業調整委員会」とあるのは「広域漁業調整委員会又は水産政策審議会にあつては農林水産大臣がその委員会又は審議会の意見を聴き、その他の場合にあつては都道府県知事が海区漁業調整委員会」と読み替えるものとする。~~

◆註解

改正後の第百五十七条（報告徴収等）は、改正前の第百十六条（報告徴収等）の第一項及び第二項と同一の条文です。

尚、改正前の第百十六条第三項が削除された代わりに、改正後は新設された第百七十七条（損失の補償）第一項第二号【本書二五八頁参照】により同様の規定が設けられています。

第二節　海区漁業調整委員会

(1) 設置

◆**条文**

【旧第八十四条（設置）⬇新第百三十六条（設置）】

1　海区漁業調整委員会は、海面~~（農林水産大臣が指定する湖沼を含む。第百十八条第二項において同じ。）~~につき農林水産大臣が定める海区に置く。

2　農林水産大臣は、前項の規定により~~湖沼を指定し、又は~~海区を定めたときは、これを公示する。

◆**註解**

改正後の第百三十六条（設置）は、改正前の第八十四条の条番号と文言の一部を改めたもので、変更点は海区の範囲が海面に限定され、「農林水産大臣が指定する湖沼」は除外されたことです。

（2）構成

◆条文

【旧第八十五条⬇第百三十七条（構成）】

1　海区漁業調整委員会は、委員をもつて組織する。

2　海区漁業調整委員会に会長を置く。会長は、委員が互選する。~~但し~~ただし、委員が会長を互選することができないときは、都道府県知事が~~第三項第二号~~の委員の中からこれを選任する。

~~3　委員は、次に掲げる者をもつて充てる。~~

~~一　次条の規定により選挙権を有する者が同条の規定により被選挙権を有する者につき選挙した者九人（農林水産大臣が指定する海区に設置される海区漁業調整委員会にあつては、六人）~~

~~二　学識経験がある者及び海区内の公益を代表すると認められる者の中から都道府県知事が選任した者六人（前号に規定する海区漁業調整委員会にあつては、四人）~~

3　海区漁業調整委員会は、その所掌事務を行うにつき会長を不適当と認めるときは、その決議によりこれを解任することができる。

4　都道府県知事は、専門の事項を調査審議させるために必要があると認めるときは、委員会に専門委員を置くことができる。

5　専門委員は、学識経験がある者の中から、都道府県知事が選任する。

6　委員会には、書記又は補助員を置くことができる。

【新第百三十八条（委員の任命）】

1　委員は、漁業に関する識見を有し、海区漁業調整委員会の所掌に属する事項に関しその職務を適切に行うことができる者のうちから、都道府県知事が、議会の同意を得て、任命する。

2　委員の定数は、十五人（農林水産大臣が指定する海区に設置される海区漁業調整委員会にあつては、十人）とする。ただし、十人から二十人までの範囲内において、条例でその定数を増加し、又は減少することができる。

3　前項の定数の変更は、委員の任期満了の場合でなければ、行うことができない。

4　次の各号のいずれかに該当する者は、委員となることができない。

一　年齢満十八年未満の者

二　破産手続開始の決定を受けて復権を得ない者

三　禁錮以上の刑に処せられ、その執行を終わるまで又はその執行を受けることがなくなるまでの者

5　都道府県知事は、第一項の規定による委員の任命に当たつては、海区漁業調整委員会が設置される海区に沿う市町村（海に沿わない市町村であつて、当該海区において漁業を営み、又はこれに従事する者が相当数その区域内に住所又は事業場を有していることその他の特別の事由によつて農林水産大臣が指定したものを含む。）の区域内に住所又は事業場を有する漁業者又は漁業従事者（一年に九十日以上、漁船を使用する漁業を営み、又は漁業者のために漁船を使用して行う水産動植物の採捕若しくは養殖に従事する者に限る。）が委員の過半数を占めるようにしなければならない。この場合において、都道府県知事は、漁業者又は漁業従事者が営み、又は従事する漁業の種類、操業区域その他の農林水産省令で定める事項に著しい偏りが生じないように配慮しなければならない。

6　都道府県知事は、当該海区の特殊な事情により、当該海区漁業調整委員会の意見を聴いて、前項の漁業者又は漁業従事者の範囲を拡張し、又は限定することができる。
7　都道府県知事は、第五項に定めるもののほか、第一項の規定による委員の任命に当たつては、資源管理及び漁業経営に関する学識経験を有する者並びに海区漁業調整委員会の所掌に属する事項に関し利害関係を有しない者が含まれるようにしなければならない。
8　都道府県知事は、第一項の規定による委員の任命に当たつては、委員の年齢及び性別に著しい偏りが生じないように配慮しなければならない。
9　都道府県知事は、第百七十一条第一項ただし書の規定により内水面漁場管理委員会を置かない場合における第一項の規定による委員の任命に当たつては、第五項及び第七項に定めるもののほか、内水面における漁業に関する識見を有する者が含まれるようにしなければならない。

【新第百三十九条】

1　都道府県知事は、前条第一項の規定により委員を任命しようとするときは、農林水産省令で定めるところにより、あらかじめ、漁業者、漁業者が組織する団体その他の関係者に対し候補者の推薦を求めるとともに、委員になろうとする者の募集をしなければならない。
2　都道府県知事は、農林水産省令で定めるところにより、前項の規定による推薦を受けた者及び同項の規定による募集に応募した者に関する情報を整理し、これを公表しなければならない。
3　都道府県知事は、前条第一項の規定による委員の任命に当たつては、第一項の規定による推薦及び募集の結果を尊重しなければならない。

◆**註解**

（a）委員の選任

改正後の第百三十七条（構成）は、改正前の第八十五条の条番号と条文を一部改めたもので、委員の公選制が廃止（旧第八十六条乃至第九十四条が削除）され、新設された第百三十八条及び第百三十九条により任命制が導入されました。この点について、水産庁ホームページで掲示されている「水産政策の改革について」と題する文書【本書六〇頁既出】では、「海区漁業調整委員会②（委員構成・選任方法等の見直し）」という見出しの下に、次のように記載されています。

> ●海区漁業調整委員会の漁業者委員の選任は公選制としているが、
> ①選挙をすれば、漁業者等の多い地区や漁業種類から選ばれやすく、投票実施率が低い（一割程度）
> ②学識経験委員として本来漁業者委員の対象となる漁業者を選任するケースがある
> ③選挙を実施しなくとも選挙人名簿の調製等の行政コストが発生
> 等の問題がある。
> ●今後は、漁業者等を主体とする漁業調整委員会の組織・機能を維持した上で、漁業者からの推薦に基づく知事選任制とし、条例で漁業者委員の数の増加を可能とする。（第百三十七条〜第百三十九条）

（https://www.jfa.maff.go.jp/j/kikaku/kaikaku/attach/pdf/suisankaikaku-18.pdf）

（b）委員の定数

委員の定数は、原則として「十五人（農林水産大臣が指定する海区に設置される海区漁業調整委員会にあっては、十人）」であることに変わりはありませんが、改正後は第百三十八条第二項但書「十人から二十人までの範囲内において」条例でその定数を増減することができることになりました。また、漁民委員の公選制が廃止され、委員はすべて知事が任命することになりました。

尚、右記括弧書き内の「農林水産大臣が指定する海区に設置される海区漁業調整委員会」（傍線部）は、「漁業法第八十五条第三項第一号の主務大臣が指定する海区」と題する告示（昭和三十八年九月六日農林省告示第一一七二号〔最終改正：平成十六年七月十四日農林水産省告示第一三四〇号・第一三四一号〕）により、「秋田、山形、霞ケ浦北浦、佐渡、京都、大阪、但馬、琵琶湖、鳥取、隠岐、福岡県豊前、筑前、福岡県有明、松浦、佐賀県有明、五島、対島、熊本県有明、熊毛、奄美大島」が指定されています。

（c）委員の推薦及び募集

今回の改正により新設された第百三十九条第一項及び第三項により、都道府県知事が委員を任命しようとするときは、農林水産省令で定めるところにより、あらかじめ、漁業者、漁業者が組織する団体その他の関係者に対し候補者の推薦を求めるとともに、委員になろうとする者の募集をし、その結果を尊重することが義務付けられています。

（3）委員の身分

①兼職の禁止

◆**条文**

【旧第九十五条➡新第百四十条（兼職の禁止）】

委員は、都道府県の議会の議員と兼ねることができない。

◆**註解**

改正後の第百四十条（兼職の禁止）は、改正前の第九十五条の条番号だけ改めたもので、全く同一の条文です。

②辞任

◆**条文**

【旧第九十六条（委員の辞職の制限）】

委員は、正当な事由がなければ、その職を辞することができない。

【新第百四十一条（委員の辞任）】

委員は、正当な事由があるときは、都道府県知事及び海区漁業調整委員会の同意を得て辞任することができる。

◆**註解**

今回の改正により削除された旧第九十六条（委員の辞職の制限）に代わって、新たに第百四十一条（委員の辞任）が設けられました。これは委員の選任方法が公選制から任命制に改められたこと【本書二一八頁参照】に対応するものです。

③失職

◆条文

【旧第九十七条（被選挙権の喪失による委員の失職）】

1　委員が被選挙権を有しない者であるときは、その職を失う。その被選挙権の有無は、委員が第八十七条第一項第二号若しくは第二項又は第九十四条において準用する公職選挙法第二百五十二条の規定に該当するため被選挙権を有しない場合を除くほか、委員会が決定する。この場合において、被選挙権を有しない旨の決定は、出席委員の三分の二以上の多数によらなければならない。

2　前項の場合においては、委員は、第百二条の規定にかかわらず、その会議に出席して自己の資格に関して弁明することはできるが、決定に加わることはできない。

3　第一項の規定による決定は、文書をもつてし、その理由をつけて本人に交付しなければならない。

4　第一項の規定による決定に不服がある者は、前項の交付を受けた日から三十日以内に、委員会を被告として裁判所に出訴することができる。この期間は、不変期間とする。

5　委員は、第九十四条において準用する公職選挙法第十五章の規定による異議の申出若しくは訴訟の提起に対する決定若しくは判決又は本条第一項若しくは前項の規定による決定若しくは判決が確定するまでは、その職を失わない。

【旧第九十七条の二（就職の制限による委員の失職）】

1　委員が地方自治法第百八十条の五第六項の規定に該当するときは、その職を失う。その同項の規定に該当するかどうかは、第八十五条第三項第一号の委員にあっては委員会、同項第二号の委員にあっては都道府県知事が決定する。この場合において、委員会の決定は、出席委員の三分の二以上の多数によらなければならない。

2　前条第二項（委員の弁明）の規定は第八十五条第三項第一号の委員に、前条第三項（決定書の交付）及び第四項（出訴）の規定は委員会及び都道府県知事の決定に準用する。

【新第百四十二条（委員の失職）】

委員は、第百三十八条第四項各号のいずれかに該当するに至つた場合には、その職を失う。

◆註解

今回の改正により削除された旧第九十七条及び同条の二に代わって、新たに第百四十二条（委員の失職）が設けられました。これは委員の選任方法が公選制から任命制に改められたこと【本書二一八頁参照】に対応するもので、任命時には有資格者であった委員が、任期中に欠格事由に該当することになった場合の措置を定めたものです。

④任期

◆条文

【旧第九十八条➡新第百四十三条（委員の任期）】

1　委員の任期は、四年とする。

2　第八十五条第三項第一号の委員の任期は、一般選挙の日から起算する。但し、委員の任期満了の日前に一般選挙を行つた場合においては、前任者の任期満了の日の翌日から起算する。

3⬇2　補欠委員補欠の委員の任期は、前任者の残任期間在任するとする。

4⬇3　委員は、その任期が満了しても、後任の委員が就任するまでの間は、なおその職務を行う。

◆**註解**

改正後の第百四十三条（委員の任期）は、改正前の第九十八条の条番号並びに項番号及び文言の一部を改めたもので、大きな変更点は委員の選任方法が公選制から任命制に改められたこと【本書二一八頁参照】に対応して、旧第九十八条の第二項が削除されたことです。

⑤罷免

◆**条文**

【旧第百条（委員の解任）⬇新第百四十四条（委員の罷免）】

1　都道府県知事は、特別の事由があるときは、第八十五条第三項第一号の委員を解任する委員が心身の故障のため職務の執行ができないと認める場合又は職務上の義務に違反した場合その他委員たるに適しない非行があると認める場合には、議会の同意を得て、これを罷免することができる。

2　委員は、前項の場合を除き、その意に反して罷免されることがない。

◆**註解**

改正後の第百四十四条（委員の罷免）は、改正前の第百条（委員の解任）を全面的に改めたもので、委員の選任方法が公選制から任命制に改められたこと【本書二一八頁参照】に対応して、解任という用語は罷免に改められています。

（4）委員会の会議

◆条文

【旧第百一条（委員会の会議）➡新第百四十五条（委員会の会議）】

1 海区漁業調整委員会は、定員の過半数にあたる当たる委員が出席しなければ、会議を開くことができない。

2 議事は、出席委員の過半数で決する。可否同数のときは、会長の決するところによる。

3 海区漁業調整委員会の会議は、公開する。

4 会長は、農林水産省令で定めるところにより、議事録を作成し、これを縦覧に供しなければインターネットの利用その他の適切な方法により公表しなければならない。

【旧第百二条➡新第百四十六条】

委員は、自己又は同居の親族若しくはその配偶者に関する事件については、議事にあずかる参与することができない。但しただし、海区漁業調整委員会の承認があつたときは、会議に出席し、発言することができる。

◆註解

改正後の第百四十五条（委員会の会議）は、改正前の第百一条（委員会の会議）ので、第四項の「インターネットの利用その他の適切な方法」（傍線部）という文言は、情報の電子化に対応するものです。

また、改正後の第百四十六条は、改正前の第百二条の条番号と条文の一部を改めたもので、内容に変更はありません。

第三節　連合海区漁業調整委員会

（1）設置

◆条文

【旧第百五条➡新第百四十七条（設置）】

1　都道府県知事は、必要があると認めるときは、特定の目的のために、二以上の海区の区域を合した海区に連合海区漁業調整委員会を置くことができる。

2　農林水産大臣は、必要があると認めるときは、都道府県知事に対して、連合海区漁業調整委員会を設置すべきことを勧告することができる。この場合には、都道府県知事は、当該勧告を尊重しなければならない。

3　都道府県知事が第一項の規定により連合海区漁業調整委員会を置こうとする場合において、その海区の一部が他の都道府県知事の管轄に属するときは、当該都道府県知事と協議しなければならない。

4　海区漁業調整委員会は、必要があると認めるときは、特定の目的のために、他の海区漁業調整委員会と協議して、その区域と当該他海区漁業調整委員会の区域とを合した海区に連合海区漁業調整委員会を置くことができる。

5　前項の協議が~~ととのわない~~調わないときは、海区漁業調整委員会は、これを監督する都道府県知事に対して、これに~~代るべき定~~代わるべき定めをすべきことを申請することができる。この場合において、各海区漁業調整委員会を監督する都道府県知事が異なるときは、その協議によつて定める。

6　第三項又は前項の協議が~~ととのわない~~調わないときは、都道府県知事は、農林水産大臣に対して、これに~~代るべき定~~代わるべき定めをすべきことを申請することができる。

7　前二項の規定により都道府県知事又は農林水産大臣が定をしたときは、その定めるところにより協議が~~ととのつた~~調つたものとみなす。

◆註解

連合海区漁業調整委員会は複数の海区にわたる問題を処理するために設置される機関であり、改正後の第百四十七条（設置）は、改正前の第百五条の条文を一部改めたもので、内容に変更はありません。従って、改正法施行時に現存する連合海区漁業調整委員会は、改正後も存続することになるでしょう。

（2） 構成

◆条文

【旧第百六条➡新第百四十八条（構成）】

1　連合海区漁業調整委員会は、委員をもつて組織する。

2　委員は、その海区の区域内に設置された各海区漁業調整委員会の委員の中からその定めるところにより選出された各同数の委員をもつて充てる。~~但し~~ただし、海区漁業調整委員会の数が~~第3項~~次項の規定による委員の定数を~~こえる~~超える場合にあつては、各海区漁業調整委員会の委員の中から一人を選出し、その者が互選した者をもつて充てる。

3　委員の定数は、前条第一項に規定する場合にあつては、同条第三項に規定する場合を除き、都道府県知事~~が、同条第三項~~が、同項に規定する場合にあつては各都道府県知事が協議して、同条第四項に規定する場合にあつては各海区漁業調整委員会が協議して定める。

4　前条第一項の規定により連合海区漁業調整委員会を設置した都道府県知事又は同条第四項の規定により連合海区漁業調整委員会を設置した海区漁業調整委員会を監督する都道府県知事は、必要があると認めるときは、第二項の規定により選出される委員の~~外~~ほか、学識経験がある者の中から、その三分の二以下の人数を限り、委員を選任することができる。

5　前項の委員の選任については、前条第三項に規定する場合及び同条第五項後段に規定する場合にあつては、当該都道府県知事と協議しなければならない。

6　第三項の海区漁業調整委員会の協議が~~ととのわない~~調わないときは、前条第五項の規定を準用する。

7　第三項、第五項又は前項において準用する前条第五項の都道府県知事の協議が~~ととのわない~~調わないときは、~~前条第六項~~同条第六項の規定を準用する。

8　前三項の場合には、前条第七項の規定を準用する。

◆注解

改正後の第百四十八条（構成）は、改正前の第百六条（構成）の条番号と条文の一部を改めたもので、内容に変更はありません。

（3）委員の身分

①任期及び解任

◆条文

【旧第百七条⬇新百四十九条（委員の任期及び解任）】

前条第二項の規定により選出された委員の任期及び解任に関して必要な事項は、各委員の属する海区漁業調整委員会の定めるところによる。

◆注解

改正後の第百四十九条（委員の任期及び解任）は、改正前の第百七条の条番号だけ改めたもので、全く同一の条文です。

②失職

◆条文

【旧第百八条⬇新第百五十条（委員の失職）】

~~第百六条第二項~~<u>第百四十八条第二項</u>の規定により選出された委員は、海区漁業調整委員会の委員でなくなったときは、その職を失う。

◆注解

改正後の第百五十条（委員の失職）は、改正前の第百八条の条番号と条文の一部を改めたもので、内容に変更はありません。

（4）準用規定

◆**条文**

【旧第百九条➡新第百五十一条（準用規定）】

第八十五条第二項及び第四項から第六項まで（海区漁業調整委員会の会長、専門委員及び書記又は補助員）、第九十六条（委員の辞職の制限）、第九十八条第四項（任期満了の場合）並びに第百条から第百二条まで（解任及び会議）第百三十七条第二項から第六項まで、第百四十一条、第百四十三条第三項及び第百四十四条から第百四十六条までの規定は、連合海区漁業調整委員会に準用する。この場合において、第八十五条第二項中「第十二項第二号の委員」とあるのは「委員」と、同項及び同条第五項第百三十七条第二項ただし書及び第五項中「都道府県知事が」とあるのは「第百六条第四項第百四十八条第四項の委員の選任方法に準じて」と、第百条中第百四十一条及び第百四十四条第一項中「都道府県知事」とあるのは「第百六条第四項第百四十八条第四項に規定する都道府県知事」と、「委員を」とあるのは「委員を同項中「議会の同意を得て」とあるのは「その選任方法に準じて」と読み替えるものとする。

◆**注解**

改正後の第百五十一条（準用規定）は、改正前の第百九条の条番号と条文の一部を改めたもので、実質的に大きな変更はありません。

第四節　広域漁業調整委員会

広域漁業調整委員会に関する限り、漁業法改正の前後を通じて、準用規定を除くと、条番号が変わっただけで、条文に変更は全くありません。従って、改正法施行時に現存する広域海区漁業調整委員会は、改正後も存続することになるでしょう。

因みに、水産庁ホームページの「資源管理の部屋〉広域漁業調整委員会」というカテ中、「広域漁業調整委員会とは」と題するWｅｂページでは、次のように記載されています。

■委員会の設置について

我が国周辺水域における水産資源の管理を的確に行うために、都道府県の区域を越えて広域的に分布回遊し、かつ、それを漁獲する漁業種類が大臣管理漁業と複数の知事管理漁業にまたがる水産資源の管理に係る漁業調整を行うことを目的に、平成十三年の漁業法の改正により国の常設機関として設置されています。

また、委員会の効率的な運営のため、資源の分布、利用等に応じ、関係委員により構成される部会が設けられています。

- 太平洋広域漁業調整委員会（太平洋北部会、太平洋南部会）
- 瀬戸内海広域漁業調整委員会
- 日本海・九州西広域漁業調整委員会（日本海北部会、日本海西部会、九州西部会）

■委員会の機能について

広域的に分布回遊する資源を対象とした資源管理に関する事項（当面は国が作成する資源回復計画に関する事項が中心）について協議調整を行います。

1. 複数都道府県にまたがる海域を回遊する魚種の資源管理についての検討
2. 資源回復計画の作成に係る審議
3. 資源管理措置の適切な実施を担保するための「委員会指示」の発動
4. 1に関連する漁業調整

(http://www.jfa.maff.go.jp/j/suisin/s_kouiki/iinnkai.html)

(1) 設置

◆条文

【旧第百十条➡新第百五十二条（設置）】

1　太平洋に太平洋広域漁業調整委員会を、日本海・九州西海域に日本海・九州西広域漁業調整委員会を、瀬戸内海に瀬戸内海広域漁業調整委員会を置く。

2　前項の規定において「太平洋」、「日本海・九州西海域」又は「瀬戸内海」とは、我が国の排他的経済水域、領海及び内水（内水面を除く。）のうち、それぞれ、太平洋の海域、日本海及び九州の西側の海域又は瀬戸内海の海域（これらに隣接する海域を含む。）で政令で定めるものをいう。

◆注解

改正後の第百五十二条（設置）は、改正前の第百十条の条番号だけ改めたもので、全く同一の条文です。

（2）構成

◆条文

【旧第百十一条⬇新第百五十三条（構成）】

1　広域漁業調整委員会は、委員をもつて組織する。

2　太平洋広域漁業調整委員会の委員は、次に掲げる者をもつて充てる。

一　太平洋の区域内に設置された海区漁業調整委員会の委員が都道県ごとに互選した者各一人

二　太平洋の区域内において漁業を営む者の中から農林水産大臣が選任した者七人

三　学識経験がある者の中から農林水産大臣が選任した者三人

3　日本海・九州西広域漁業調整委員会の委員は、次に掲げる者をもつて充てる。

一　日本海・九州西海域の区域内に設置された海区漁業調整委員会の委員が道府県ごとに互選した者各一人

二　日本海・九州西海域の区域内において漁業を営む者の中から農林水産大臣が選任した者七人

三　学識経験がある者の中から農林水産大臣が選任した者三人

4　瀬戸内海広域漁業調整委員会の委員は、次に掲げる者をもつて充てる。

一　瀬戸内海の区域内に設置された海区漁業調整委員会の委員が府県ごとに互選した者各一人

二　学識経験がある者の中から農林水産大臣が選任した者三人

◆**註解**

改正後の第百五十三条（構成）は、改正前の第百十一条の条番号だけ改めたもので、全く同一の条文です。

（3）議決の再議

◆**条文**

【旧第百十二条➡新第百五十四条（議決の再議）】

農林水産大臣は、広域漁業調整委員会の議決が法令に違反し、又は著しく不当であると認めるときは、理由を示してこれを再議に付することができる。ただし、議決があつた日から一月を経過したときは、この限りでない。

◆**註解**

改正後の第百五十四条（議決の再議）は、改正前の第百十二条の条番号だけ改めたもので、全く同一の条文です。

（4）解散命令

◆**条文**

【旧第百十三条➡新第百五十五条（解散命令）】

1　農林水産大臣は、広域漁業調整委員会が議決を怠り、又はその議決が法令に違反し、若しくは著しく不当であると認めて水産政策審議会が請求したときは、その解散を命ずることができる。

2　前項の規定による農林水産大臣の解散命令を違法であるとしてその取消しを求める訴えは、当事者がその処分のあつたことを知つた日から一月以内に提起しなければならない。この期間は、不変期間とする。

◆**註解**

改正後の第百五十五条（解散命令）は、改正前の第百十三条の条番号だけ改めたもので、全く同一の条文です。

（5）準用規定

◆**条文**

【旧第百十四条（準用規定）】

第八十五条第二項及び第四項から第六項まで（海区漁業調整委員会の会長、専門委員及び書記又は補助員）、第九十六条（委員の辞職の制限）、第九十八条第一項、第三項及び第四項（委員の任期）、第百条から第百二条まで（解任及び会議）並びに第百八条（委員の失職）の規定は、広域漁業調整委員会に準用する。この場合において、第八十五条第二項中「第三項第二号の委員」とあるのは「太平洋広域漁業調整委員会にあつては第百十一条第二項第三号の委員、日本海・九州西広域漁業調整委員会にあつては同条第三項第三号の委員、瀬戸内海広域漁業調整委員会にあつては同条第四項第二号の委員」と、同項、同条第四項及び第五項並びに第百条中「都道府県知事」とあるのは「農林水産大臣」と、同条中「第八十五条第三項第二号」とあるのは「第百十一条第二項第二号及び第三号、同条第三項第二号及び第三号並びに同条第四項第二号」と、第百八条中「第百六条第二項の規定により選出された」とあるのは「第百十一条第二項第一号、同条第三項第一号又は同条第四項第一号の規定により互選した者をもつて充てられた」と読み替えるものとする。

【新第百五十六条（準用規定）】

第百三十七条第二項から第六項まで、第百四十一条、第百四十三条から第百四十六条まで及び第百五十条の規定は、広域漁業調整委員会に準用する。この場合において、第百三十七条第二項ただし書、第四項及び第五項、第百四十一条並びに第百四十四条第一項中「都道府県知事」とあるのは「農林水産大臣」と、第百三十七条第二項中「委員の」とあるのは「太平洋広域漁業調整委員会にあつては第百五十三条第二項第三号の委員、日本海・九州西広域漁業調整委員会にあつては同条第三項第三号の委員、瀬戸内海広域漁業調整委員会にあつては同条第四項第二号の委員の」と、第百四十四条第一項中「委員が」とあるのは「第百五十三条第二項第二号及び第三号、同条第三項第二号及び第三号並びに同条第四項第二号の委員が」と、「議会の同意を得て、これを」とあるのは「これを」と、第百五十条中「第百四十八条第二項の規定により選出された」とあるのは「第百五十三条第二項第一号、同条第三項第一号又は同条第四項第一号の規定により互選した者をもつて充てられた」と読み替えるものとする。

◆**注解**

改正後の第百五十六条（準用規定）は、削除された改正前の第百十四条（準用規定）に代わって新設されたもので、海区漁業調整委員会又は連合海区漁業調整委員会に関する条項の内、第百三十七条第二項から第六項まで【本書二一五頁参照】、第百四十一条【本書二二〇頁参照】、第百四十三条から第百四十六条まで【本書二二二頁以下参照】、及び第百五十条【本書二二八頁参照】の規定は、広域海区漁業調整委員会に準用されます。

（６）大臣の監督

◆**条文**

【旧第百十七条➡新第百五十八条（広域漁業調整委員会等に対する農林水産大臣の監督）】

農林水産大臣は、広域漁業調整委員会及び水産政策審議会に対し、監督上必要な命令又は処分をすることができる。

◆**註解**

改正後の第百五十八条（広域漁業調整委員会等に対する農林水産大臣の監督）は、改正前の第百十七条の条番号だけ改めたもので、全く同一の条文です。

第九部　土地及び土地の定着物の使用

改正後の第七章（第百六十一条乃至第百七十条）は、改正前の第七章（第百二十条乃至百二十六条）を一部改めたもので、内容に変更はありません。

（1）土地の使用及び立入り等

◆条文

【旧第百二十〕条~~（土地の使用及び立入り等）~~➡新第百六十一条（土地の使用及び立入り等）】

漁業者、漁業協同組合又は漁業協同組合連合会は、~~左に~~次に掲げる目的のために必要があるときは、都道府県知事の許可を受けて、他人の土地を使用し、又は立木竹若しくは土石の除去を制限することができる。この場合において、都道府県知事は、当該土地、立木竹又は土石につき所有権その他の権利を有する者にその旨を通知し、~~且つ~~かつ、公告するものとする。

一　漁場の標識の建設

二　魚見若しくは漁業に関する信号又はこれに必要な設備の建設

三　漁業に必要な目標の保存又は建設

【旧第百二十一条➡新第百六十二条】

漁業者は、必要があるときは、都道府県知事の許可を受けて、特別の用途のない他人の土地に立ち入つて漁業を営むことができる。

【旧第百二十二条➡新第百六十三条】

漁業に関する測量、実地調査又は前二条の目的のために必要があるときは、都道府県知事の許可を受けて、他人の土地に立ち入り、又は支障となる木竹を伐採し、その他障害物を除去することができる。

【旧第百二十三条➡新第百六十四条】

1　前三条の行為をする者は、あらかじめその旨を土地の所有者又は占有者に通知し、かつ、これによつて生じた損失を補償しなければならない。

~~2　前項の場合には、第三十九条第七項、第十一項及び第十二項（損失補償）の規定を準用する。~~

2　前項の場合には、第百七十七条第二項、第十一項及び第十二項の規定を準用する。この場合において、同条第二項中「前項」とあるのは「第百六十四条第一項」と、「同項各号に規定する処分又は」とあるのは「第百六十一条から第百六十三条までの」と、同条第十一項中「第一項第二号又は第三号」とあるのは「第百六十一条から第百六十三条まで」と、「国」とあるのは「第百六十一条から第百六十三条までの行為をする者」と読み替えるものとする。

◆**注解**

改正後の第百六十一条（土地の使用及び立入り等）は、改正前の第百二十条の条番号と条文の一部を改めたものであり、改正後の第百六十二条及び第百六十三条は、改正前の第百二十一条及び第百二十二条の条番号を変えただけで同一条文であり、いずれも内容に変更はありません。

また、改正後の第百六十四条は、改正前の第百二十三条の条番号と第二項の条文を改めたものであり、内容に変更はありません。

（２）土地及び土地の定着物の使用

①使用権設定に関する協議

◆条文

【旧第百二十四条⬇第百六十五条（土地及び土地の定着物の使用）】

1　漁業者、漁業協同組合又は漁業協同組合連合会は、土地又は土地の定着物が海草乾場、船揚場、漁舎その他漁業上の施設として利用することが必要~~且つ~~かつ適当であつて他のものをもつて代えることが著しく困難であるときは、都道府県知事の認可を受けて、当該土地又は当該定着物の所有者その他これに関して権利を有する者に対し、これを使用する権利（~~以下~~次条において「使用権」という。）の設定に関する協議を求めることができる。

2　前項の認可の申請があつたときは、都道府県知事は、同項の土地又は土地の定着物の所有者その他これに関して権利を有する者、同項の認可を受けようとする者及び海区漁業調整委員会の~~意見をきかなければ~~聴かなければならない。

3　都道府県知事は、第一項の認可をしたときは、その旨を土地又は土地の定着物の所有者その他これに関して権利を有する者に通知しなければならない。

4　前項の通知を受けた後は、土地又は土地の定着物の所有者その他これに関して権利を有する者は、第一項の協議が~~ととのう~~調うまでは、使用の目的たる漁業に支障を及ぼす~~虞~~おそれがない場合を除き、都道府県知事の許可を受けなければ、当該土地の形質を変更し、又は当該定着物を損壊し、若しくは収去することができない。~~但し~~ただし、その協議が~~ととのわない~~調わない場合において、~~第百二十五条第一項但書~~次条第一項ただし書の期間内に同項の~~裁決~~裁定の申請がないときは、この限りでない。

5　前項の許可の申請があつたときは、都道府県知事は、海区漁業調整委員会の意見を~~きかなければ~~聴かなければならない。

◆註解

改正後の第百六十五条（土地及び土地の定着物の使用）は、改正前の第百二十四条の条番号と条文の一部を改めたもので、内容に変更はありません。

②使用権設定の裁定

◆条文

【旧第百二十五条➡新第百六十六条（使用権設定の裁定）】

1　前条第一項の場合において、協議が~~ととのわず~~調わず、又は協議をすることができないときは、同項の認可を受けた者は、使用権の設定に関する海区漁業調整委員会の裁定を申請することができる。~~但し~~ただし、同項の認可を受けた日から~~二箇月~~二月を経過したときは、この限りでない。

2　前項の規定による裁定の申請があつたときは、海区漁業調整委員会は、当該申請に係る土地又は土地の定着物の所有者その他これに関して権利を有する者にその旨を通知し、~~且つ~~かつ、これを公示しなければならない。

3　第一項の規定による裁定の申請に係る土地又は土地の定着物の所有者その他これに関して権利を有する者は、前項の公示の日から二週間以内に海区漁業調整委員会に意見書を差し出すことができる。

4　裁定の申請に係る土地又は土地の定着物の所有者は、前項の意見書において、海区漁業調整委員会に対し、当該土地若しくは当該定着物の使用が三年以上にわたり、又は当該土地若しくは当該定着物の形質の変更を来すような使用権の設定をすべき旨の裁定をしようとする場合には、これに代えて、当該土地又は当該定着物を買い取るべき旨の裁定をすべきことを申請することができる。

5　裁定の申請に係る土地の上に定着物を有する者は、第三項の意見書において、海区漁業調整委員会に対し、使用権を設定すべき旨の裁定をしようとする場合には当該工作物の移転料に関する裁定をすべきことを申請することができる。ただし、当該工作物が前条第三項の通知があつた後に設置されたものであるときは、この限りでない。

6　海区漁業調整委員会は、第三項の期間を経過した後に審議を開始しなければならない。

7　裁定は、その申請の範囲を超えることができない。

8　海区漁業調整委員会は、土地若しくは土地の定着物の使用が三年以上にわたり、又は土地若しくは土地の定着物の形質の変更を来すような使用権の設定をすべき旨の裁定をしようとする場合において第四項の申請があつたときは、これに代えて、当該土地又は当該定着物を買い取るべき旨の裁定をしなければならない。

9　海区漁業調整委員会は、使用権を設定すべき旨の裁定をしようとする場合において第五項の申請があつたときは、当該工作物の移転料に関する裁定をしなければならない。

10　使用権を設定すべき旨の裁定又は買い取るべき旨の裁定においては、次に掲げる事項を定めなければならない。

一　使用権を設定すべき土地若しくは土地の定着物並びに設定すべき使用権の内容及び存続期間又は買い取

るべき土地若しくは土地の定着物

二　対価並びにその支払の方法及び時期

三　土地又は土地の定着物の引渡引渡しの時期

四　使用開始の時期

五　第五項の申請があつた場合においては移転料並びにその支払方法及び時期

11　海区漁業調整委員会は、裁定をしたときは、遅滞なくその旨、その旨を当該土地又は当該定着物の所有者その他これに関して権利を有する者に通知し、且つかつ、これを公示しなければならない。

12　前項の公示があつたときは、裁定の定めるところにより当事者間に協議がととのつた調つたものとみなす。

13　民法第六百十二条（賃借権の譲渡及び転貸の制限）の規定は、前項の場合には適用しない。

14　第一項若しくは第四項又は第五項の裁定において定める使用権の設定若しくは買取の対価又は買取りの対価又は第五項の裁定において定める移転料の額に不服がある者は、第十一項の公示の日から六月以内に訴えをもつてその増減を請求することができる。

15　前項の訴訟訴えにおいては、申請者又は当該土地若しくは当該定着物の所有者その他これに関して権利を有する者を被告とする。

◆註解

改正後の第百六十六条（使用権設定の裁定）は、改正前の第百二十五条（使用権設定の裁定の）条番号と条文の一部を改めたもので、内容に変更はありません。

③貸付契約に関する裁定

◆条文

【旧第百二十六条➡新第百六十七条（土地及び土地の定着物の貸付契約に関する裁定）】

1　漁業者、漁業協同組合又は漁業協同組合連合会が第百二十四条第一項に規定する第百六十五条第一項の土地又は土地の定着物を漁業に使用するため貸付を貸付けを受けている場合において経済事情の変動その他事情の変更によりその契約の内容が適正でなくなつたと認めるときは、当事者は、海区漁業調整委員会に対して、当該貸付契約の内容の変更又は解除に関する裁定を申請することができる。

2　前項の申請があつた場合には、前条第二項、第三項、第六項及び第七項の規定を準用する。

3　第一項の裁定においては、左の次に掲げる事項を定めなければならない。

一　変更に関する裁定の申請の場合にあつては、変更するかどうか、変更する場合はその内容及び変更の時期

二　解除に関する裁定の申請の場合にあつては、解除するかどうか、解除する場合は解除の時期

4　前項の裁定があつた場合には、前条第十一項、第十二項、第十四項及び第十五項の規定を準用する。

◆註解

改正後の第百六十七条（土地及び土地の定着物の貸付契約に関する裁定）は、改正前の第百二十六条の条番号と条文の一部を改めたもので、内容に変更はありません。

第十部　内水面漁業

(1) 定義

「内水面」という用語は、改正後の漁業法第六十条（定義）第五項第五号【本書一一八頁参照】により、「海面以外の水面をいう」と定義付けられています。

また、「内水面漁業」という用語は、「内水面漁業の振興に関する法律」（通称「内水面振興法」）の第三条（定義）第一項により、「内水面における水産動植物の採捕又は養殖の事業をいう」と定義付けられています。

因みに、水産庁が令和元年九月に作成した「内水面漁業・養殖業をめぐる状況」と題する文書では、「内水面漁業について」という見出しの下に、次のように記載されています。

> ○内水面漁業は、アユ、ワカサギ、ウナギ、コイ等和食文化と密接に関わる食用水産物を供給するほか、錦鯉を始めとした観賞用水産物を供給。
> ○河川等は、海洋に比べ水産資源の量が少なく、資源の枯渇を招きやすいことから、内水面の漁業権を免許された漁業協同組合には、水産資源の増殖義務が課せられている。放流や河川等の環境の保全・管理を通じ釣り場や自然体験活動の場といった自然と親しむ機会を国民に提供する等の多面的機能を発揮。
> ○農林業、観光業等と密接に関連しながら地域産業を形成している中山間地域も多い。

(https://www.jfa.maff.go.jp/j/enoki/attach/pdf/naisuimeninfo-22.pdf)

（2）内水面漁場計画

【条文・注解とも本書一一四頁既出】

（3）免許制度

◆条文

【旧第百二十七条（内水面における第五種共同漁業の免許）➡新第百六十八条（内水面における第五種共同漁業の免許）】

内水面における第五種共同漁業（第六十条第五項第五号に掲げる第五種共同漁業をいう。次条第一項及び第百七十条第一項において同じ。）は、当該内水面が水産動植物の増殖に適しており、且つ、当該漁業の免許を受けた者が当該内水面において水産動植物の増殖をする場合でなければ、免許してはならない。

【旧第百二十八条➡新第百六十九条】

1　都道府県知事は、内水面における第五種共同漁業の免許を受けた者が当該内水面における水産動植物の増殖を怠っていると認めるときは、内水面漁場管理委員会（第百七十一条第一項ただし書の規定により内水面漁場管理委員会を置かない都道府県にあっては、同条第四項ただし書の規定により当該都道府県の知事が指定する海区漁業調整委員会。次条第四項及び第六項において同じ。）の意見をきいて聴いて増殖計画を定め、その者に対し当該計画に従って水産動植物を増殖すべきことを命ずることができる。

2　前項の規定による命令を受けた者がその命令に従わないときは、都道府県知事は、当該漁業権を取り消さなければならない。

3　前項の場合には、第三十九条第三項及び第四項（公益上の必要による漁業権の変更、取消又は行使の停止）

第八十九条第三項から第七項までの規定を準用する。

4 農林水産大臣は、内水面における水産動植物の保護増殖増殖のため特に必要があると認めるときは、都道府県知事に対し、第一項の規定による命令をすべきことを指示し、又は当該命令にかかる係る増殖計画を変更すべきことを指示することができる。

◆註解

改正後の第百六十八条及び第百六十九条は、改正前の第百二十七条及び第百二十八条の条番号と条文の一部を改めたもので、内容に変更はありません。

因みに、東京都産業労働局ホームページの「内水面遊漁レクリエーション」と題するＷｅｂページでは、共同漁業権の免許に関連して、次のように記載されています。

> 漁業権について
>
> 都内の多くの河川には、共同漁業権が設定されています。この漁業権は、漁業協同組合（以下、「漁協」という）に免許されています。…（中略）…
>
> 遊漁料について
>
> 漁協は、共同漁業権の免許により生き物をとる権利を得る代わりに、魚類の保護や放流、産卵場造成など、増殖義務を負っています。このため、漁業権が設定されている河川で漁業協同組合員以外の人が魚をとる場合には、これらの経費の一部として遊漁料を支払う必要があります。

（http://www.sangyo-rodo.metro.tokyo.jp/nourin/suisan/yuugyo/yuugyorec/）

（4）遊漁規則

◆条文

【旧第百二十九条⬇新第百七十条（遊漁規則）】

1　内水面における第五種共同漁業の免許を受けた者は、当該漁場の区域においてその組合員（漁業協同組合連合会にあつては、その会員たる漁業協同組合の組合員）以外の者のする水産動植物の採捕（以下次項及び第五項において「遊漁」という。）について制限をしようとするときは、遊漁規則を定め、都道府県知事の認可を受けなければならない。

2　前項の遊漁規則（以下この条において単に「遊漁規則」という。）には、~~左に~~次に掲げる事項を規定するものとする。

一　遊漁についての制限の範囲

二　遊漁料の額及びその納付の方法

三　遊漁承認証に関する事項

四　遊漁に際し守るべき事項

五　その他農林水産省令で定める事項

3　遊漁規則を変更しようとするときは、都道府県知事の認可を受けなければならない。

4　第一項又は~~第三項~~前項の認可の申請があつたときは、都道府県知事は、内水面漁場管理委員会の意見を~~きかなければ~~聴かなければならない。

5　都道府県知事は、遊漁規則の内容が~~左の各号に~~次の各号のいずれにも該当するときは、認可をしなければならない。

一　遊漁を不当に制限するものでないこと。

二　遊漁料の額が当該漁業権に係る水産動植物の増殖及び漁場の管理に要する費用の額に比して妥当なものであること。

6　都道府県知事は、遊漁規則が~~前項各号の一~~前項各号のいずれかに該当しなくなつたと認めるときは、内水面漁場管理委員会の意見を~~きいて~~聴いて、その変更を命ずることができる。

7　都道府県知事は、第一項又は第三項の認可をしたときは、漁業権者の名称その他の農林水産省令で定める事項を公示しなければならない。

8　遊漁規則は、都道府県知事の認可を受けなければ、その効力を生じない。その変更についても、同様とする。

◆注解

改正後の第百七十条（遊漁規則）は、改正前の第百二十九条の条番号と条文の一部を改めたもので、内容に変更はありません。

（5）内水面漁場管理委員会

①総則

◆条文

【旧第百三十条⬇新第百七十一条（内水面漁場管理委員会）】

1　都道府県に内水面漁場管理委員会を置く。ただし、その区域内に存する内水面における水産動植物の採捕、養殖及び増殖の規模が著しく小さい都道府県（海区漁業調整委員会を置くものに限る。）で政令で定めるものにあつては、都道府県知事は、当該都道府県に内水面漁場管理委員会を置かないことができる。

2　内水面漁場管理委員会は、都道府県知事の監督に属する。

3　内水面漁場管理委員会は、当該都道府県の区域内に存する内水面における水産動植物の採捕、養殖及び増殖に関する事項を処理する。

4　この法律の規定による海区漁業調整委員会の権限は、内水面における漁業に関しては、内水面漁場管理委員会が行う。ただし、第一項ただし書の規定により内水面漁場管理委員会を置かない都道府県にあつては、当該都道府県の知事が指定する海区漁業調整委員会が行う。

◆註解

改正後の第百七十一条（内水面漁場管理委員会）は、改正前の第百三十条の条番号と条文の一部を改めたものです。改正点の一つは、第一項及び第四項に但書が追加されたことです。もう一つは、所掌事務に関する第三項で、養殖が追加されたことです。

②構成

◆条文

【旧第百三十一条➡新第百七十二条（構成）】

1　内水面漁場管理委員会は、委員をもつて組織する。

2　委員は、当該都道府県の区域内に存する内水面において漁業を営む者を代表すると認められる者、当該内水面において水産動植物の採捕をする者採捕、養殖又は増殖をする者（漁業を営む者を除く。）を代表すると認められる者及び学識経験がある者の中から都道府県知事が選任した者をもつて充てる。

3　前項の規定により選任される委員の定数は、十人とする。~~但し~~ただし、農林水産大臣は、必要があると認めるときは、特定の内水面漁場管理委員会について別段の定数を定めることができる。

◆**注解**

改正後の第百七十二条（構成）は、改正前の第百三十一条（構成）の条文を一部改めたものです。実質的な変更点は、第二項中、水産動植物の「採捕」に、「養殖又は増殖」が追加されたことです。

③準用規定

◆**条文**

【旧第百三十二条⬇新第百七十三条（準用規定）】

~~第八十五条第二項、第四項から第六項まで（海区漁業調整委員会の会長、専門委員及び書記又は補助員）、第九十五条（兼職の禁止）、第九十六条（委員の辞職の制限）、第九十七条の二（就職の制限による委員の失職）、第九十八条第一項、第三項、第四項（任期）、第百条から第百一条まで（解任及び会議）及び第百十六条から第百十九条まで（報告徴収等、監督、費用及び委任規定）~~第百三十七条第二項から第六項まで、第百三十八条第四項、第百四十条から第百四十六条まで、第百五十七条、第百五十九条及び第六十条の規定は、内水面漁場管理委員会に準用する。この場合において、~~第百十八条第二項~~第百四十四条第一項中「議会の同意を得て、これを」とあるのは「これを」と、第百五十九条第二項中「各都道府県の海区の数、海面において漁業を営む者の数及び海岸線の長さを基礎とし、海面」とあるのは~~、「政令~~「政令で定めるところにより算出される額を均等に交付するほか、各都道府県の内水面組合（水産業協同組合法第十八条第二項の内水面組合をいう。）の組合員の数及び河川の延長を基礎とし、内水面」と読み替えるものとする。

◆**註解**

改正後の第百七十三条（準用規定）は、改正前の第百三十二条の条番号と条文の一部を改めたもので、内容に変更はありません。

第十一部　雑則

（1）運用上の配慮

◆**条文**

【新第百七十四条（運用上の配慮）】

国及び都道府県は、この法律の運用に当たつては、漁業及び漁村が、海面及び内水面における環境の保全、海上における不審な行動の抑止その他の多面にわたる機能を有していることに鑑み、当該機能が将来にわたつて適切かつ十分に発揮されるよう、漁業者及び漁業協同組合その他漁業者団体の漁業に関する活動が健全に行われ、並びに漁村が活性化するように十分配慮するものとする。

◆**註解**

今回の改正により新設された第百七十四条（運用上の配慮）の主眼は、漁業及び漁村の多面的機能の発揮と、漁村の活性化にあります。

（2）漁業手数料

◆**条文**

【旧第百三十三条⬇新第百七十五条（漁業手数料）】

1 この法律又はこの法律に基づく命令の規定により、農林水産大臣に対して漁業に関して申請をする者は、農林水産省令の定めるところにより、手数料を納めなければならない。

2 前項の手数料の額は、実費を勘案して農林水産省令で定める。

◆**註解**

改正後の第百七十五条（漁業手数料）は、改正前の第百三十三条の条番号だけ改めたもので、全く同一の条文です。この条文中、「農林水産省令」とあるのは、「漁業手数料規則」（昭和二十五年三月十四日農林省令第二十号［最終改正：平成三十一年三月十九日号農林水産省令第十六号］）のことです。

（3）報告徴収等

◆**条文**

【旧第百三十四条⬇新第百七十六条（報告徴収等）】

1　農林水産大臣又は都道府県知事は、漁業の免許又は許可をし、漁業調整をし、その他この法律又はこの法律に基く基づく命令に規定する事項を処理するために必要があると認めるときは、漁業に関して必要な報告を徴し、又は当該職員をして漁場、船舶、事業場若しくは事務所に臨んでその状況若しくは帳簿書類その他の物件を検査させることができる。

2　農林水産大臣又は都道府県知事は、漁業の免許又は許可をし、漁業調整をし、その他この法律又はこの法律に基く基づく命令に規定する事項を処理するために必要があると認めるときは、当該職員をして他人の土地に立ち入つて、測量し、検査し、又は測量若しくは検査の障害となる物を移転し、若しくは除去させることができる。

3　前二項の規定により当該職員がその職務を行う場合には、その身分を証明する証票を携帯し、要求があるときはこれを呈示しなければ提示しなければならない。

~~4　第二項の場合には、第百十六条第三項（損失補償）の規定を準用する。~~

◆註解

改正後の第百七十六条（報告徴収等）は、改正前の第百三十四条の条番号と、第一項乃至第三項の条文を一部改めたものです。尚、削除された第四項に代わって、第百七十七条（損失の補償）の第一項第三号及び第十三項第四号【二六〇頁参照】が設けられています。

（4）損失の補償

◆条文

【新第百七十七条（損失の補償）】

1　国は、次の各号に掲げる場合には、それぞれ当該各号に規定する処分又は行為によつて生じた損失をそれぞれ当該各号に定める者に補償しなければならない。

一　農林水産大臣が第五十五条第一項の規定により第三十六条第一項の許可又は第三十八条の起業の認可を変更し、取り消し、又はその効力の停止を命じた場合　これらの処分を受けた者

二　広域漁業調整委員会又は水産政策審議会が第百五十七条第二項の規定によりその委員又は委員会若しくは審議会の事務に従事する者をして他人の土地に立ち入つて、測量し、検査し、又は測量若しくは検査の障害になる物を移転し、若しくは除去させた場合　当該土地の所有者又は占有者

三　農林水産大臣が前条第二項の規定により当該職員をして他人の土地に立ち入つて、測量し、検査し、又は測量若しくは検査の障害になる物を移転し、若しくは除去させた場合　当該土地の所有者又は占有者

2　前項の規定により補償すべき損失は、同項各号に規定する処分又は行為によつて通常生ずべき損失とする。

3　第一項の規定により補償すべき金額は、農林水産大臣が決定する。この場合において、農林水産大臣は、

同項第二号に規定する行為に係る補償にあつては、当該行為をさせた広域漁業調整委員会又は水産政策審議会の意見を聴かなければならない。

4　前項の金額に不服がある者は、その決定の通知を受けた日から六月以内に、訴えをもつてその増額を請求することができる。

5　前項の訴えにおいては、国を被告とする。

6　第一項第一号に規定する処分によつて利益を受ける者があるときは、国は、その者に対し、同項の規定により補償すべき金額の全部又は一部を負担させることができる。

7　前項の場合には、第三項前段、第四項及び第五項の規定を準用する。この場合において、第四項中「増額」とあるのは、「減額」と読み替えるものとする。

8　第六項の規定により負担させる金額は、国税滞納処分の例によつて徴収することができる。ただし、先取特権の順位は、国税及び地方税に次ぐものとする。

9　農林水産大臣は、第六項の規定による処分をしようとするときは、行政手続法第十三条第一項の規定による意見陳述のための手続の区分にかかわらず、聴聞を行わなければならない。

10　第六項の規定による処分に係る聴聞の期日における審理は、公開により行わなければならない。

11　第一項第二号又は第三号の土地について先取特権又は抵当権があるときは、国は、当該先取特権又は抵当権を有する者から供託をしなくてもよい旨の申出がある場合を除き、その補償金を供託しなければならない。

12　前項の先取特権又は抵当権を有する者は、同項の規定により供託した補償金に対してその権利を行うことができる。

13　都道府県は、次の各号に掲げる場合には、それぞれ当該各号に規定する処分又は行為によつて生じた損失をそれぞれ当該各号に定める者に補償しなければならない。

一　都道府県知事が第八十八条第四項（同条第五項において準用する場合を含む。）において準用する第九十三条第一項の規定により第八十八条第一項（同条第五項において準用する場合を含む。）の許可を変更し、取り消し、又はその効力の停止を命じた場合　これらの処分を受けた者

二　都道府県知事が第九十三条第一項の規定により漁業権を変更し、取り消し、又はその行使の停止を命じた場合　これらの処分を受けた者

三　海区漁業調整委員会若しくは連合海区漁業調整委員会又は内水面漁場管理委員会が第百五十七条第二項（第百七十三条において準用する場合を含む。）の規定によりその委員又は委員会の事務に従事する者をして他人の土地に立ち入つて、測量し、検査し、又は測量若しくは検査の障害になる物を移転し、若しくは除去させた場合　当該土地の所有者又は占有者

四　都道府県知事が前条第二項の規定により当該職員をして他人の土地に立ち入つて、測量し、検査し、又は測量若しくは検査の障害になる物を移転し、若しくは除去させた場合　当該土地の所有者又は占有者

14　第二項から第八項まで、第十一項及び第十二項の規定は、前項の規定により都道府県が損失を補償しなければならない場合について準用する。この場合において、第二項中「前項」とあり、及び第三項中「第一項」とあるのは「第十三項」と、同項中「農林水産大臣」とあるのは「都道府県知事」と、「同項第二号」とあるのは「同項第一号及び第二号に規定する処分に係る補償にあつては海区漁業調整委員会の意見を、同項第三号」と、「広域漁業調整委員会又は水産政策審議会の意見を」とあるのは「海区漁業調整委員会若しくは連合海区漁業調整委員会又は内水面漁場管理委員会の意見を、それぞれ」と、第五項中「国」とあ

るのは「都道府県」と、第六項中「第一項第一号」とあるのは「第十三項第一号又は第二号」と、「国」とあるのは「都道府県」と、第七項中「第五項」とあるのは「第五項並びに第八十九条第三項から第七項まで」と、第八項中「国税滞納処分」とあるのは「地方税の滞納処分」と、第十一項中「第一項第二号又は第三号」とあるのは「第十三項第二号の漁業権（第九十三条第一項の規定により取り消されたものに限る。）又は第十三項第三号若しくは第四号」と、「国」とあるのは「都道府県」と、同項及び第十二項中「有する者」とあるのは「有する者（漁業権にあつては、登録先取特権者等に限る。」と読み替えるものとするほか、必要な技術的読替えは、政令で定める。

◆**注解**

今回の改正で新設された第百七十七条（損失の補償）により、改正前は散在していた損失補償関連条項が統合されました。

（5）行政争訟

◆**条文**

【旧第百三十四条の二⬇新第百七十八条（行政手続法の適用除外）】

1　第三十四条第四項、第三十七条第一項、第三十八条第一項並びに第三十九条第一項、第二項及び第十三項（第三十六条第三項第二十七条及び第三十四条の規定、第八十六条第一項（免許後に条件を付ける場合に限る。）、第八十九条第一項、第九十二条第一項及び第二項並びに第九十三条第一項の規定（これらの規定を第八十八条第四項（同条第五項において準用する場合を含む。）において準用する場合を含む。）、第三十八条第三項並びに第百二十八条第二項並びに第百十六条第二項及び第三項、第百三十一条第一項（第二十五条第一項の規定に違反する行為に係るものに限る。）、第百六十九条第二項並びに前条第十四項において準用する同条第六項の規定による処分については、行政手続法第三章（第十二条及び第十四条を除く。）の規定は、適用しない。

2　第五十条第一項第二十条第一項に規定する管理及び第百十七条第一項に規定する登録に関する処分については、行政手続法第二章及び第三章の規定は、適用しない。

【旧第百三十四条の三➡新第百七十九条（行政不服審査法の適用の特例）】

第三十四条第四項の規定による制限若しくは条件の付加、第三十八条第三項の規定による取消し又は第六十七条第十一項（第六十八条第四項第百二十条第十一項（第百二十一条第四項において準用する場合を含む。）の規定による命令についての審査請求に関する行政不服審査法（平成二十六年法律第六十八号）第四十三条第一項の規定の適用については、当該制限若しくは当該条件の付加、取消し又は命令は、同項第一号に規定する議を経て行われたものとみなす。

【旧第百三十五条➡新百八十条（審査請求の制限）】

漁業調整委員会又は内水面漁場管理委員会の処分又はその不作為については、審査請求をすることができない。

【旧第百三十五条の二➡新第百八十一条（抗告訴訟の取扱い）】

漁業調整委員会（広域漁業調整委員会を除く。）又は内水面漁場管理委員会は、その処分（行政事件訴訟法（昭和三十七年法律第百三十九号）第三条第二項に規定する処分をいう。）又は裁決（同条第三項に規定する裁決をいう。）に係る同法第十一条第一項（同法第三十八条第一項において準用する場合を含む。）の規定による都道府県を被告とする訴訟について、当該都道府県を代表する。

◆註解

改正後の第百七十八条乃至第百八十一条は、改正前の百三十四条の二乃至第百三十五条の二の条番号と条文の一部を改めたもので、内容に変更はありません。

(6) 権限移譲

◆条文

【新第百八十二条（都道府県が処理する事務）】

第五章並びに第百七十六条第一項及び第二項に規定する農林水産大臣の権限に属する事務の一部は、政令で定めるところにより、都道府県知事が行うこととすることができる。

◆註解

今回の改正で新設された第百八十二条（都道府県が処理する事務）により、「第五章　漁業調整に関するその他の措置（第百十九条―第百三十三条）」【本書一九二頁以下参照】及び第百七十六条（報告徴収等）第一項及び第二項【本書二五七頁参照】に規定する農林水産大臣の権限に属する事務の一部は、都道府県知事に移譲することができるようになりました。

（7）管轄の特例

①都道府県

◆条文

【旧第百三十六条（管轄の特例）⇒新第百八十三条（管轄の特例）】

1　漁場が二以上の都道府県知事の管轄に属し、又は漁場の管轄が明確でないときは、政令で定めるところにより、農林水産大臣は、これを管轄する都道府県知事を指定し、又は自ら都道府県知事の権限を行うことができる。

2　都道府県知事の管轄に属する漁場（政令で定める要件に該当するものに限る。）において新たに漁業権を設定するため特に必要があると認める場合であつて、農林水産大臣が都道府県知事の権限を行うことにつき当該都道府県知事が同意したときは、政令で定めるところにより、農林水産大臣は、自ら当該都道府県知事の権限を行うことができる。

◆註解

改正後の第百八十三条（管轄の特例）は、改正前の第百三十六条の条番号と条項を改めたものです。大きな変更点は、第二項が新たに設けられ、農林水産大臣の権限が拡大されたことです。

②市町村

◆**条文**

【旧第百三十七条⬇新第百八十四条】

この法律中市町村に関する規定は、特別区のある地にあつては特別区に、地方自治法第二百五十二条の十九第一項の指定都市にあつては区及び総合区に適用する。

◆**註解**

改正後の第百八十四条は、改正前の第百三十七条の条番号だけ改めたもので、全く同一の条文です。

(8) 公示の方法

◆**条文**

【新第百八十五条（公示の方法）】

1　この法律の規定による公示は、インターネットの利用その他の適切な方法により行うものとする。

2　前項の公示に関し必要な事項は、農林水産省令で定める。

◆**註解**

今回の改正により新設された第百八十五条（公示の方法）の主眼は、インターネットが普及している現状に対応することにあります。

(9) 都道府県経由事務

◆条文

【旧第百三十七条の二⬇新第百八十六条（提出書類の経由機関）】

この法律又はこの法律に基づく命令の規定により農林水産大臣に提出する申請書その他の書類は、農林水産省令で定める手続に従い、都道府県知事を経由して提出しなければならない。ただし、農林水産省令で定める書類については、都道府県知事を経由せずに農林水産大臣に提出することができる。

◆註解

改正後の第百八十六条（提出書類の経由機関）は、改正前の第百三十七条の二の条番号と条文を改めたものです。大きな変更点は、新たに但書が設けられ、都道府県の事務負担軽減が図られています。

(10) 法定受託事務

◆条文

【旧第百三十七条の三⬇新第百八十七条（事務の区分）】

1　この法律の規定により都道府県が処理することとされている事務のうち、次に掲げるものは、地方自治法第二条第九項第一号に規定する第一号法定受託事務とする。

一　第六十五条第一項、第二項、第七項及び第八項並びに第六十六条第一項の規定により都道府県が処理することとされている事務第二章（第十条、第十五条第四項（同条第六項において準用する場合を含む。）及び第三十五条を除く。）並びに第五十七条第一項及び第四項から第六項までの規定、第五十八条において準用する第三十八条、第三十九条、第四十条第二項、第四十一条第一項第五号及び第二項、第四十二条（第二項ただし書及び第三項ただし書を除く。）、第四十三条、第四十四条第一項から第三項まで、第四十五条（第二号及び第三号に係る部分に限る。）、第四十六条、第四十七条、第四十九条第二項、第五十条、第五十一条第一項、第五十二条、第五十四条第一項から第三項まで並びに第五十六条の規定並びに第百十九条第一項、第二項、第七項及び第八項、第百二十四条第一項、第百二十五条第一項、第百二十六条第一項から第三項まで並びに第百二十七条の規定により都道府県が処理することとされている事務

二　~~第六十七条第三項、第四項、第九項及び第十一項、第七十一条、第百二十四条第一項及び第二項、同条第四項において準用する第百十六条第三項において準用する第三十九条第六項、第八項及び第十一項並びに前条の規定により都道府県が処理することとされている事務（第五十二条第一項に規定する指定漁業若しくは第六十五条第一項若しくは第二項の規定に基づく農林水産省令の規定により農林水産大臣の許可その他の処分を要する漁業又は同条第一項若しくは第二項の規定に基づく規則若しくは第六十六条第一項の規定により都道府県知事の許可その他の処分を要する漁業に関するものに限る。）~~第百二十条第三項、第四項、第八項、第九項及び第十一項の規定、同条第十二項において準用する第八十六条第三項の規定、第百二十二条、第百三十一条第一項及び第二項、第百七十六条第一項及び第二項並びに第百七十七条第十三項（第四号に係る部分に限る。）の規定、同条第十四項において準用する同条第三項及び第十一項（これらの規定のうち同条第十三項（同号に係る部分に限る。）に係る部分に限る。）の規定並びに前条の規定により都道府県が処理することとされている事務（大臣許可漁業、知事許可漁業、第百十九条第一項の規定若しくは同条第二項の農林水産省令の規定により農林水産大臣の許可その他の処分を要する漁業又は同条第一項の規定若しくは同条第二項の規則の規定により都道府県知事の許可その他の処分を要す

る漁業に関するものに限る。）

~~2　この法律の規定により市町村が処理することとされている事務のうち、次に掲げるものは、地方自治法第二条第九項第二号に規定する第二号法定受託事務とする。~~

~~一　海区漁業調整委員会の委員の選挙又は解職の投票に関し、市町村が処理することとされている事務~~

~~二　海区漁業調整委員会選挙人名簿に関し、市町村が処理することとされている事務~~

◆**注解**

改正後の第百八十七条（事務の区分）は、改正前の第百三十七条の三の条番号と全条文を改めたもので、漁業法上の法定受託事務は第一号法定受託事務（法律又はこれに基づく政令により都道府県、市町村又は特別区が処理することとされる事務のうち、国が本来果たすべき役割に係るものであって、国においてその適正な処理を特に確保する必要があるものとして法律又はこれに基づく政令に特に定めるもの）に限定されました。

(11)　経過措置

◆**条文**

【新第百八十八条（経過措置）】

この法律の規定に基づき政令、農林水産省令、条例又は規則を制定し、又は改廃する場合においては、その政令、農林水産省令、条例又は規則で、その制定又は改廃に伴い合理的に必要と判断される範囲内において、所要の経過措置（罰則に関する経過措置を含む。）を定めることができる。

◆**注解**

今回の改正により新設された第百八十八条（経過措置）の主眼は、政省令や条例・規則の制定又は改廃の周知や対応に要する一定の期間を猶予することにあります。

第十二部　罰則

◆条文

【新第百八十九条】【条文・註解とも本書二〇七頁以下既出】

【旧第百三十八条⬇新第百九十条】

次の各号のいずれかに該当する者は、三年以下の懲役又は二百三百万円以下の罰金に処する。

一　第九条の規定に違反した者第二十五条の規定に違反して特定水産資源を採捕した者

二　第二十七条、第三十三条、第三十四条又は第百三十一条第一項の規定による命令に違反した者

三　第三十六条第一項又は第五十七条第一項の規定に違反して大臣許可漁業又は知事許可漁業を営んだ者

四　第四十七条（第五十八条において準用する場合を含む。）の許可を受けずに、第四十二条第一項（第五十八条において読み替えて準用する場合を含む。以下この号において同じ。）の農林水産省令又は規則で定める事項について、同項の規定により定められた制限措置と異なる内容により、大臣許可漁業又は知事許可漁業を営んだ者

二五　漁業権、第三十六条の規定による漁業の許可又は指定漁業大臣許可漁業の許可、漁業権又は第八十八条第一項（同条第五項において準用する場合を含む。）の規定による漁業の許可に付けた制限又は条件に違反して漁業を営んだ者

二六　定置漁業権大臣許可漁業、知事許可漁業若しくは第八十八条第一項（同条第五項において準用する場合を含む。）の規定により許可を受けた漁業の停止中その漁業を営み、第六十条第二項に規定する定置漁業権若しくは区画漁業権の行使の停止中その漁業を営み、共同漁業権又は同項に規定する共同漁業権の行使の停止中その漁場において行使を停止した漁業を営み、又は指定漁業若しくは第三十六条の規定により許可を受けた漁業の停止中その漁業を営んだ者

七　第六十八条の規定に違反して定置漁業又は区画漁業を営んだ者

四　第五十二条第一項の規定に違反して指定漁業を営んだ者

五　指定漁業の許可を受けた者であつて第六十一条の規定に違反した者

六八　第六十五条第一項第百十九条第一項の規定による禁止に違反して漁業を営み、又は同項の規定による許可を受けないで漁業を営んだ者

七　第六十六条第一項の規定に違反して漁業を営んだ者

【旧第百三十九条⬇新第百九十一条】

第六十七条第十一項（第六十八条第四項第百二十条第十一項（第百二十一条第四項において準用する場合を含む。）の規定に基づく命令に違反した者は、一年以下の懲役若しくは五十万円以下の罰金又は拘留若しくは科料に処する。

【旧第百四十条⬇新第百九十二条】

第百三十八条又は前条前三条の場合においては、犯人が所有し、又は所持する漁獲物、その製品、漁船又は漁具その他水産動植物の採捕若しくは養殖の用に供される物は、没収することができる。ただし、犯人が所有していたこれらの物件の全部又は一部を没収することができないときは、その価額を追徴することができる。

【旧第百四十一条⬇第新第百九十三条】

次の各号のいずれかに該当する者は、六月以下の懲役又は三十万円以下の罰金に処する。

一　第二十六条第一項又は第三十条第一項の規定による報告をせず、又は虚偽の報告をした者

二　知事許可漁業の許可に付けた条件に違反して漁業を営んだ者

十三　第二十九条第八十二条の規定に違反して漁業権を貸付けの目的とした者

十四　第七十四条第三項第百二十八条第三項の規定による漁業監督官又は漁業監督吏員の検査を拒み、妨げ、若しくは忌避し、又はその質問に対し答弁をせず、若しくは虚偽の陳述をした者

十五　第百十四条第四項第百六十五条第四項の規定に違反した者

四六　第百三十四条第一項第百七十六条第一項の規定による報告を怠り、若しくは虚偽の報告をし、又は当該職員の検査を拒み、妨げ、若しくは忌避した者

五七　第百三十四条第二項第百七十六条第二項の規定による当該職員の測量、検査、移転又は除去を拒み、妨げ、又は忌避した者

【旧第百四十二条➡新第百九十四条】

第百三十八条、第百三十九条又は前条第一号第百八十九条から第百九十一条まで又は前条第三号の罪を犯した者には、情状により、懲役及び罰金を併科することができる。

【旧第百四十三条➡新第百九十五条】

1　漁業権又は漁業協同組合の組合員の漁業を営む権利組合員行使権を侵害した者は、二十百万円以下の罰金に処する。

2　前項の罪は告訴、告訴がなければ公訴を提起することができない。

【旧第百四十四条➡新第百九十六条】

次の各号の一にいずれかに該当する者は、十万円以下の罰金に処する。

一　第三十五条（第三十六条第三項及び第六十三条第五十条（第五十八条において準用する場合を含む。）の規定に違反した者

二　第七十二条第百二十二条の規定に基づく命令に違反した者

三　漁場若しくは漁具又は漁具その他水産動植物の採捕若しくは養殖の用に供される物の標識を移転し、汚損し、又はこわした損壊した者

【旧第百四十五条⬇新第百九十七条】

法人の代表者又は法人若しくは人の代理人、使用人その他の従業者が、その法人又は人の業務又は財産に関して、第百三十八条、第百三十九条、第百四十一条、第百四十三条第一項第百八十九条から第百九十一条まで、第百九十三条、第百九十五条第一項又は前条第一号若しくは第二号の違反行為をしたときは、行為者を罰する外ほか、その法人又は人に対し、各本条の罰金刑を科する。

【旧第百四十六条⬇新第百九十八条】

第二十七条第一項又は第六十二条第二項第二十一条第四項、第二十二条第四項、第四十八条第二項、第四十九条第二項（第五十八条において準用する場合を含む。）又は第八十条第一項の規定による届出を怠つた者は、十万円以下の過料に処する。

◆**註解**

改正後の罰則規定の内、新たに設けられたのは第百八十九条だけです【本書二〇七頁参照】。

改正後の第百九十条乃至第百九十八条は、改正前の第百三十八条乃至第百四十六条の条番号と条文の一部を改めたものです。大きな変更点は、罰金額の引き上げであり、許可漁業を無許可で営んだ場合等（第百九十条）は二百万円から三百万円に、また漁業権又は組合員行使権を侵害した場合（第百九十五条）は二十万円から百万円に引き上げられたことです。

【参考文献】

1　「漁業法等の一部を改正する等の法律案」（農林水産省ホームページ「第百九十七回国会（平成三十年臨時会）提出法律案」）
（http://www.maff.go.jp/j/law/bill/197/index.html）

2　「漁業法等の一部を改正する等の法律案」（資料６－２）（農林水産省ホームページ「水産政策審議会 第九一回 資源管理分科会 配付資料」）
（https://www.jfa.maff.go.jp/j/council/seisaku/kanri/attach/pdf/181129-6.pdf）

3　規制改革推進会議 農林水産ワーキング・グループの会議情報（内閣府ホームページ「規制改革推進会議会議情報」）
（https://www8.cao.go.jp/kisei-kaikaku/kisei/meeting/meeting.html#kaigi1）

改正漁業法註解－新旧条文対照－

2021年03月22日　第1版第1刷発行

編集者　　産業法務研究会
発行者　　山 本　　義 樹
発行所　　漁協経営センター
〒132-0024 東京都江戸川区一之江８－３－２
電話 03-3674-5241　FAX 03-3674-5244
URL　htpp://www.gyokyo.co.jp

印刷・製本　　モリモト印刷
カバーデザイン　エヌケイクルー
ISDN 978-4-87409-052-7 C3062